AF500952

LES

PLANTES HERBACÉES

D'EUROPE

ET LEURS INSECTES,

POUR FAIRE SUITE AUX

ARBRES ET ARBRISSEAUX D'EUROPE ET LEURS INSECTES

PAR J. MACQUART,

Chevalier de la Légion d'Honneur et Membre de plusieurs Sociétés savantes.

TOME TROISIÈME.

Extrait des Mémoires de la Société Impériale des Sciences, de l'Agriculture et des Arts de Lille.

LILLE,

IMPRIMERIE DE L. DANEL.

1856

LES

PLANTES HERBACÉES

D'EUROPE

ET LEURS INSECTES.

LES

PLANTES HERBACÉES

D'EUROPE

ET LEURS INSECTES,

POUR FAIRE SUITE AUX

ARBRES ET ARBRISSEAUX D'EUROPE ET LEURS INSECTES

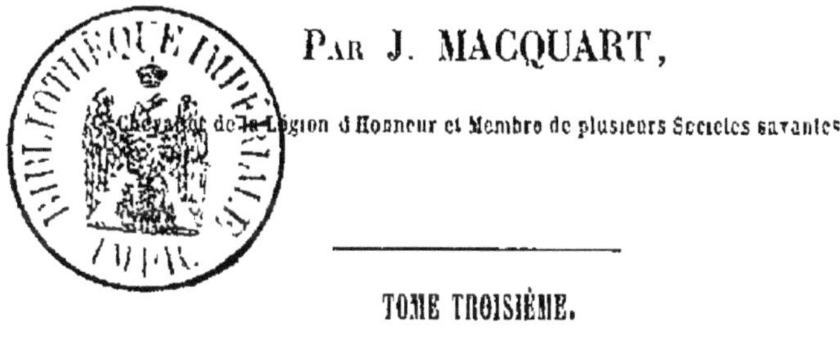

PAR J. MACQUART,

Chevalier de la Légion d'Honneur et Membre de plusieurs Sociétés savantes.

TOME TROISIÈME.

Extrait des Mémoires de la Société Impériale de Lille.

LILLE,

IMPRIMERIE DE L. DANEL.

1856

Il est important que les lecteurs sachent que le travail suivant est une œuvre posthume de notre vénérable et regretté collègue, et que, par conséquent, il peut se faire qu'il y subsiste, malgré tous nos soins, des fautes qu'il ne serait pas juste de lui imputer.

(Note de la Commission d'impression.)

PLANTES HERBACÉES D'EUROPE

ET LEURS INSECTES

POUR FAIRE SUITE AUX ARBRES, ARBRISSEAUX, ETC.,

3.e PARTIE.

DIVISION.

DICOTYLÉDONES MONOPÉTALES

(Gamopétales, De Cand).

Dans cette division la corolle est formée d'un seul pétale.

Je commence la dernière partie de la carrière parsemée de fleurs que j'ai entrepris de suivre, en jetant un regard rétrospectif sur le chemin parcouru, comme un voyageur qui, parvenu au haut d'une colline, se retourne pour revoir ce qui l'a charmé : les riants vergers, la vaste forêt aux clairières fleuries, les frais ruisseaux, le lac dont les eaux forment un miroir azuré, les montagnes onduleuses qui terminent l'horizon et harmonient entr'elles toutes les parties de ce tableau.

Les plantes qui font l'ornement de la terre et que la Providence a prodiguées pour nos besoins et nos plaisirs, forment une chaîne immense des êtres organisés dont nous avons esquissé la plus grande partie du tableau, réparties par la nature et par la science dans les deux classes des Cryptogames et des Phanérogames, suivant que les organes de la fructification se manifestent en noces occultes ou apparentes. Nous nous sommes occupés en premier lieu des Cryptogames qui commencent la série par les premiers vestiges de l'organisation en comprenant de nombreux degrés. Ce sont, d'abord les Algues, composées uniquement de cellules et habitant exclusivement les eaux, qui paraissent les premières créatures vivantes sorties des mains divines; les Fucus qui remplissent de vastes espaces dans les mers, et dont les rameaux atteignent quelquefois la longueur de cinq cents mètres; les Lichens qui inaugurent la végetation terrestre, et couvrent de leurs frondes crustacées les rochers s'élevant au-dessus des eaux. Ensuite vient l'immense famille des Champignons qui comprend les Agarics, les Bolets, les Truffes, aliments abondants et délicieux quand ils ne sont pas de mortels poisons; les Mousses qui étendent de moelleux tapis sur la terre, et les Fougères qui dans l'Océanie s'élèvent parfois à la hauteur des superbes Palmiers.

Les Cryptogames formées de vaisseaux et de trachées, comprennent les Prèles qui se singularisent par les articulations de leurs tiges, et qui se trouvent en espèces fossiles gigantesques dans les couches profondes du globe.

En nous occupant en second lieu des Phanérogames, caractérisées par les cotylédons, ces feuilles séminales qui fournissent le premier aliment, le lait nourricier des jeunes plantes, nous avons rencontré d'abord les Monocotylédones, cette grande, belle et précieuse division qui comprend la plus grande partie des plantes aquatiques, la Sagittaire qui couvre nos étangs de ses fers de lance, les Roseaux dont Pline disait : *Belli pacisque experimentis necessaria atque etiam deliciis grata;* le Papyrus, longtemps dépositaire de la pensée des hommes; les Graminées, aliments de nos bestiaux, qui nous donnent leur lait, qui ouvrent nos sillons; les Céréales, que la Providence, sous la forme de Blé, de Riz, de Maïs, a réparties sur les différentes parties du globe pour former la base de la nourriture des hommes ; les Liliacées qui doivent leur nom au type même de la beauté, et qui, pour nous charmer davantage encore, se diversifient sous toutes les formes que l'imagination peut enfanter, nous présentent toutes les modifications de la grâce, de l'élégance, du coloris, nous charment par toutes les nuances de la séduction : la Jacinthe, le Narcisse, la Tubéreuse, l'Hémérocalle, la Tulipe, l'Agapanthe, le Yucca, l'Impériale, le Lis et tant d'autres, également dignes d'être citées ; enfin les Palmiers, ces princes du règne végétal, comme les appelait Linnée, qui alliant à la beauté, l'élévation et la majesté, dressent leur tête sublime au-dessus de toute végétation.

Nous avons enfin abordé les Dicotylédones qui se distinguent des précédentes non seulement par le nombre des cotylédons, mais encore par les racines rameuses, le tronc conique, formé de couches concentriques et d'une moelle centrale, les feuilles à nervures rameuses et les fleurs organisées d'après le type quinaire et ses multiples. De cette classe immense, divisée en trois groupes : les Polypétales, les Monopétales et les Apétales, nous avons traité la première, qui est considérée comme la moins avancée en organisation. En y comprenant les arbres et arbrisseaux dont nous nous sommes occupés précédemment, elle nous a offert de nombreuses familles, intéressantes soit par leurs vertus médicinales, leurs proprietés alimentaires, économiques, industrielles, soit par leur beauté et les phénomènes physiologiques qu'elles nous manifestent.

Sous le premier rapport, nous avons signalé les douces Malvacées, si salutaires contre les inflammations de nos organes, les racines stimulantes de plusieurs Ombellifères et particulièrement de l'Impératoire.

Leurs propriétés alimentaires n'ont pu paraître douteuses, car nous leur devons la plupart de nos fruits les plus succulents : la

Poire, la Pomme, la Pêche, la Cerise, le Raisin, l'Olive, l'Orange, le Melon, la Noix; nous y avons trouvé aussi nos légumes les plus savoureux : les petits Pois, les Haricots, les Fèves, et encore les Trèfles et les Luzernes, les Sainfoins qui nourrissent nos bestiaux.

L'économie domestique a rencontré de précieuses substances dans les plantes Ombellifères qui lui fournissent les graines de l'Anis, de l'Angélique, du Cumin, de l'Aneth, de la Coriandre, ces condiments aromatiques, si utiles dans l'art culinaire.

Les propriétés industrielles ont été représentées par le Lin et le Coton, qu'il suffit de nommer pour en signaler les précieux filaments et les merveilleux tissus ; le Colza qui alimente la lampe de nos veilles, la Betterave qui, se métamorphosant en sucre, a amélioré l'agriculture, enrichi l'industrie, le commerce, porté ombrage aux colonies, à la marine, occupé la législation et la politique, et qui, par un nouveau prodige de la science, s'est faite alcool.

Les Polypétales nous ont fait admirer la beauté, le charme d'un grand nombre de fleurs : la Rose qui n'a d'émule que le Lis, le Nymphea qui règne sur les eaux, le splendide Magnolia, l'Oranger au suave parfum, l'éclatante Anémone, l'élégant Œillet, l'aimable Pensée, l'humble et douce Violette, et leurs grâcieuses sœurs : les Renoncules, les Dauphinelles, les Balsamines, les Cytises, les Spirées, les Clématites et tant d'autres charmantes filles du printemps.

Enfin elles nous ont intéressés, étonnés par la singularité des phénomènes d'excitabilité que plusieurs d'entre elles, et particulièrement les Papilionacées, exposent à nos yeux. Nous nous bornerons à rappeler la Sensitive, l'aimable emblème de la pudeur, qui abaisse ses feuilles et en relève les folioles à la moindre cause extérieure qui la met en émoi, et le Sainfoin animé, *Hedysarum gyrans*. Des trois folioles qui composent la feuille, la terminale s'incline alternativement à droite et à gauche. Cette oscillation se produit depuis le lever jusqu'au coucher du soleil. Les folioles latérales ont un double mouvement continu de flexion et de torsion qui s'exécute sans l'intervention apparente d'aucun stimulant extérieur : elles tournent sur leur charnière, chacune à son tour, rapidement et par saccades ; l'une s'élève pendant que l'autre s'abaisse et en même temps elles se rapprochent ou s'éloignent de la foliole impaire. Cette plante éminemment sensible, qui croît sur les bords du Gange, a été découverte par Lady Monson et c'était justice que l'honneur de la découverte en revînt à une femme et à Lady Monson en particulier.

Il me restait à décrire les Dicotylédones Monopétales et Apétales, et c'est le sujet de cette troisième et dernière partie de l'ouvrage. Les Monopétales sont regardées comme plus avancées en organisation que les précédentes, parce que les fleurs en étant considérées comme formées des mêmes parties, présentent de plus des soudures diversement disposées (1) qui réunissent leurs corolles en une seule.

Divisées en un grand nombre de classes (2) les Monopétales n'inspirent pas moins d'intérêt que les précédentes. Sous le rapport physiologique, elles offrent plusieurs phénomènes remarquables, tels que l'irrégularité des fleurs dans les Labiées et dans plusieurs autres familles. Le calice et la corolle, ordinairement

---

(1) Lorsque la soudure est complète, la corolle est un tube entier; mais selon que les pétales sont plus ou moins unis, elle offre l'apparence d'un tube fendu plus ou moins profondément, ou dentelé au sommet. Les petales du *Phyteuma* adhèrent non par le milieu mais par la base et par l'extrémité ; ceux de la Vigne sont soudés par le sommet seulement, et forment ainsi un capuchon Les pétales de plusieurs Composées ne se soudent pas du côté intérieur du capitule, ce qui fait qu'ils sont en languette, c'est-à-dire en tube fendu longitudinalement et étale. Quelquefois certains pétales se soudent plus intimement que les autres, d'où résulte que deux ou plusieurs petales semblent n'en former qu'un seul, et que la corolle est divisée en lèvres. (Alph. de Candolle, introd.)

(2) Les Ligustrinées, les Rubiacées, les Contournees, les Tubiflores, les Labiatiflores, les Myrsinées, les Styracinées, les Ericinées, les Campanulacées, les Composées et les Agrégées.

réguliers, à cinq divisions, et les cinq étamines égales, qui caractérisent généralement les Monopétales, perdent cette régularité dans ces familles par une cause que M. Ad. de Jussieu attribue à la présence d'une bractée. Ordinairement un des pétales est opposé à cette bractée, et se soude plus ou moins haut avec les deux voisins, tandis que les deux autres se déjettent du côté opposé ou intérieur, de manière que le limbe se partage en deux parties ou lèvres, la supérieure bilobée, l'inférieure trilobée ; le calice participe quelquefois lui-même à cette irrégularité, et est bilabié. Des cinq étamines, alternes avec les cinq pétales, celle qui s'insère dans l'intervalle des deux lobes de la lèvre supérieure ne se développe que rarement ; le plus souvent elle avorte, soit incomplètement, soit tout-à-fait. Dans ce dernier cas, des quatre autres étamines les deux inférieures, celles qui alternent avec les lobes de la lèvre inférieure prennent un plus grand développement ; les deux latérales, celles qui alternent avec les lobes de la lèvre supérieure, se développent aussi, tout en restant plus petites, ou ne se développent qu'incomplétement.

Une autre particularité physiologique que présentent les Composées ou Synanthérées consiste dans la réunion des anthères entre elles, en un tube, au moyen de soudures semblables à celles qui unissent les pétales des Monopétales, et, quoique cette disposition soit exceptionnelle, anormale, et qu'elle enlève aux anthères la mobilité qui leur est si ordinaire, et géneralement si nécessaire, les Composées n'en sont pas moins la classe la plus nombreuse du règne végétal, ne comptant pas moins de 9,000 espèces réparties en près de 900 genres, c'est-à-dire la dixième partie des végétaux connus ; de plus, l'ensemble de leur organisation les a fait considérer comme les plantes les plus parfaites par de grandes autorités : B. de Jussieu, Haller, Necker et Fries. D'autres botanistes assignent le premier rang à la belle famille des Papilionacées, si remarquables par leur excitabilité ; d'autres encore l'accordent aux Apétales, dont les organes de la fructification sont généralement séparés. L'opinion qui nous paraît la mieux fondée, sur cette question systématique, est celle qui accorde la prééminence aux végétaux dont les organes de la fructification s'éloignent davantage de ceux de la végétation, dont chaque organe de la fleur s'écarte le plus complétement des caractères foliacés ; ce que présentent les Composées et même les Apétales.

La plupart des classes dont se composent les Monopétales contiennent des plantes qui méritent une mention particulière. Ainsi les Rubiacées comptent la Garance, qui a une histoire pleine de péripéties, et dont la couleur dérobe à la vue le sang glorieux de nos héroïques soldats ; le Quinquina ; l'Ypécuanha, ces deux substances auxquelles nous devons souvent notre retour à la santé ; et le Café dont le délicieux arôme était nécessaire à l'esprit même de Voltaire. Les Contournées comprennent la Pervenche, fleur favorite de Rousseau, la Gentiane dont les belles fleurs azurées égaient les âpres rochers des hautes Alpes, le Laurier rose qui, survivant à Sparte, fleurit toujours dans le lit desséché de l'Eurotas. Les Tubiflores possèdent l'Héliotrope, qui nous a apporté du Pérou le plus suave parfum, la Pomme de terre, sa compatriote, la providence du pauvre, fort goûtée du riche, et le Tabac que nous devons aux Caraïbes, et dont il y a tant de bien et de mal à dire. Les Tubiflores ont de plus doté l'art de guérir de la pectorale Pulmonaire, de la vulnéraire Consoude, de la cordiale Bourrache.

Les Labiées, plus salutaires encore, offrent dans les combinaisons de leurs éléments constitutifs les conditions les plus heureuses pour remplir la mission providentielle dont elles sont investies. L'huile volatile contenue dans les glandes de leurs feuilles, et le principe gommo-résineux, plus ou moins amer qui domine en elles, joints à différentes substances qui y sont annexées, telles que le Camphre, le Musc, donnent à chacune de ces plantes une vertu particulière : c'est ainsi que la Lavande, la Menthe, la Sauge, le Thym, le Serpolet, la Mélisse, le Marrube et plusieurs autres, se partagent nos infirmités pour les guérir. Les Composées présentent aussi plusieurs plantes précieuses en médecine, telles que l'Absinthe, l'Armoise, la Camomille, l'Achillée, et de plus, quelques-unes qui nous servent d'aliments : le Topinambour, le Salsifis, la Chicorée, la Laitue, l'Artichaut, le Cardon d'Espagne ; d'autres sont oléagineuses, comme le Madia ; tinctoriales, comme le Carthame.

D'après cette légère esquisse des propriétés des Monopétales, on voit combien elles se recommandent à notre intérêt soit par leur beauté, leur utilité ou par leurs vertus. Sous le premier rapport, elles charment nos yeux par un grand nombre de belles fleurs : le Laurier-Rose, la Gentiane, la Pervenche, la Digitale, la Calcéolaire, le Catalpa, le Pawlonia, l'Aster, le Dahlia. Elles fournissent des matériaux à notre industrie, comme la Garance ; elles sont au nombre de nos aliments, comme l'inappréciable Pomme de terre, le Topinambour, la Scorsonère, la Laitue, l'Artichaut ; elles nous servent de condiments, comme le Thym, la Sauge, la Menthe, enfin, elles nous prodiguent les secours contre les altérations de nos organes, et elles s'unissent à toutes les autres plantes pour proclamer cette principale destination de la création végétale. Chacune d'elles semble avoir reçu une mission salutaire spéciale, et c'est, considérées sous cet aspect, qu'elles signalent le plus particulièrement les bienfaits de la Providence.

La division des Dicotylédones Apétales se présente enfin ; mais nous avons peu de choses à en dire et peu d'espèces à décrire, après l'ouvrage que nous lui avons consacré. Ces végétaux qui nous offrent généralement les sexes séparés, sont presque toujours des arbres ou des arbrisseaux, et nous croyons avoir exposé l'importance du rôle qu'ils remplissent sur la scène du monde par leur utilité et leur beauté (1). Leurs fruits sont au nombre de nos

---

(1) Voir Mémoires de la Société impériale des Sciences, de l'Agriculture et des Arts de Lille, volumes des années 1851 et 1852.

meilleurs aliments ; leurs bois sont les principaux matériaux de notre industrie ; leurs écorces et leurs racines jouissent souvent de propriétés médicinales précieuses ; quant à leur beauté, ils sont le plus grand ornement de la terre, considérés soit isolément avec toutes leurs harmonies particulières avec les objets qui les entourent, soit agglomérés en forêts, par leurs admirables masses de verdure dans lesquelles nous aimons à errer, et leur élévation qui nous fait porter nos regards vers le ciel.

Il nous reste à parler des insectes qui vivent sur ces plantes Dicotylédones. Comme ceux que nous avons mentionnés jusqu'ici, les uns ont leur berceau sur une seule espèce, d'autres sur plusieurs ; d'autres encore ne font qu'y butiner, comme les Abeilles, qui ont un attrait particulier pour un certain nombre d'entre elles et surtout pour les fleurs aromatiques des Labiées. C'est ainsi que le Miel du mont Hymète avait acquis sa supériorité par l'abondance de ces fleurs dans l'Attique, et que le mot Mélissa est à la fois le nom grec du miel lui-même, de l'Abeille qui l'élabore et de la plante qui lui donne son doux arôme. L'harmonie qui règne entre les insectes et les plantes s'étend à toutes leurs parties respectives. Ils sont pourvus de trompe ou de mandibules pour humer le suc des fleurs ou triturer les feuilles ; elles leur présentent les matériaux et les abris nécessaires pour les berceaux de leurs petits, elles sont le lieu de la scène où ils se livrent le plus souvent à leurs amours, à leurs combats, à leurs instincts si merveilleux ; ils répandent sur elles le mouvement, l'animation que la nature a refusés à la végétation ; ils y font entendre des murmures, des bruissements, des frolements qui rompent le silence ; enfin, ainsi que nous l'avons dit ailleurs, investis à l'égard des plantes de la haute mission de maintenir l'équilibre entre les espèces, en arrêtant les végétations luxuriantes, ils nuisent à la vérité à nos cultures, et nous obligent à leur disputer nos récoltes, mais ils nous dédommagent de leurs déprédations par de précieuses productions : la Soie, la plus belle matière textile, le Miel, la plus douce des subtances alimentaires, la Cochenille, la plus riche de nos couleurs, et la Cire qui brûle sur nos autels, figure de l'ardente prière qui monte vers le ciel.

CLASSE.

RUBIACÉES. RUBIACEÆ. *Bartl.*

Calice adhérent. Etamines interpositives. Anthères libres Ovaires deux à huit, connés, uni ou multiovulés.

Cette classe comprend les familles des Viburnées, des Caprifoliacées, des Rubiacées et des Lygodysodéacées. Nous n'avons à nous occuper que de l'avant-dernière.

FAMILLE.

RUBIACÉES. RUBIACEÆ.

Périsperme corné. Feuilles entières, tantôt opposées, tantôt verticillées, stipulées.

Cette famille très-naturelle, très-considérable, est en même temps douée de principes énergiques qui donnent à certaines espèces un haut degré d'utilité. Appartenant en grande partie à la zone intertropicale, l'Europe n'en possède qu'un petit nombre d'espèces, et elles présentent les principes constitutifs de la famille avec moins d'intensité que celles qu'un soleil moins oblique enflamme de ses feux. Cependant la Garance, les Galium, les Aspérules et les autres Rubiacées indigènes présentent toutes dans leurs racines des propriétés tinctoriales plus ou moins prononcées, et, de plus, des vertus médicinales justement préconisées.

Parmi les espèces qui croissent sous les tropiques, trois principales ont acquis une immense réputation et sont des bienfaits signalés de la Providence : l'*Ipecacuanha*, le *Quinquina* et le *Café*. L'Ipecacuanha fut nommé primitivement la *mine d'or*, la *racine d'or*, *l'ancre de salut*.

Les Brésiliens rapportent que sa propriété émétique leur a été révélé par un chien qui en faisait le même usage que les nôtres font du Chiendent. Son introduction en Europe fut due à Pison, qui en écrivit l'histoire. La France en fut redevable à Adrien Helvetius, et à Louis XIV qui, après la guérison du Dauphin, en acheta le secret pour le rendre public. Depuis lors, la réputation de cette racine est restée inébranlable.

Les *Cinchonas*, dont l'écorce est le quinquina, sont aussi des Rubiacées, et personne n'ignore leur vertu fébrifuge qui les place, comme l'Ipecacuanha, au nombre des végétaux les plus précieux. Leur histoire est également enveloppee d'obscurité, de doutes, de merveilleux même. On y voit des lions malades, qui se guerirent de la fièvre en buvant, dans des marais encombrés de troncs de ce végétal, l'eau imprégnée de ses sucs amers, et qui révélèrent ainsi ce remède aux Péruviens.

On rapporte que la comtesse de Chinchon, femme du vice-roi du Pérou, guérie d'une fièvre intermittente, propagea le remède à son retour en Espagne, ce qui produisit le nom de *poudre de la comtesse*, et, plus tard, celui de *Cinchone*, donné à l'arbre par Linnée. On attribue aussi l'introduction du Quinquina en Europe aux Jésuites, qui en reconnurent de bonne heure l'extrême utilité, et de là le nom de *poudre des Jésuites*, sous lequel il a été connu.

En France, il y eut opposition, et Louis XIV eut encore une fois le mérite de doter son peuple d'une substance salutaire qui devait recevoir un grand perfectionnement de nos jours en prenant la forme de *sulfate de Quinine*.

Le *Café* est encore le produit d'une Rubiacée, et son nom seul rappelle sa popularité, son universalité, la délicieuse sensation que donne son arôme, l'heureuse excitation qu'il produit sur le système nerveux. Son histoire abonde en faits intéressants, et, sans remonter à la Bible, dans laquelle on a cru retrouver le Café sous le nom de *Kali*, sans pretendre qu'Hippocrate a connu et administré la *feve d'Abyssinie* et de *Moka*, sans attribuer la découverte du Café au supérieur d'un couvent de Maronites plutôt qu'au Mullah Chadely, qui l'un et l'autre, cherchaient le moyen de préserver du sommeil pendant les prières de la nuit, l'un ses moines, l'autre ses derviches et qui le trouvèrent en apprenant que les chèvres qui ont brouté les baies du Café, restaient éveillées toute la nuit, et en obtenant le même effet sur eux-mêmes par l'usage d'une infusion du même fruit, nous suivons avec intérêt l'importation progressive de cet arbre dans la plupart des régions méridionales du globe, dans tout le levant, à l'île Bourbon où on le retrouve indigène, en Amérique et à St Domingue. Comment n'être pas emu en se rappelant le dévouement de Déclieux qui, s'étant chargé d'en transporter quelques pieds à la Martinique, se trouva réduit à une telle pénurie d'eau pendant une traversée longue et pénible, qu'il se priva héroïquement de sa faible ration pour pouvoir arroser les objets de ses soins et les préserver de la mort (1)

Nous remontons avec plaisir des 3,000 cafés ouverts actuellement, à Paris, au seul café Procope, rendez-vous des hommes de lettres, où Voltaire, après la première représentation d'une de ses tragédies, vint un soir, déguisé en Arménien, écouter les critiques que l'on fit de la pièce, et surprendre la cabale qui complotait sa chute pour le lendemain. Retiré chez lui, l'auteur refit tous les vers qui devaient être accueillis par des sifflets, et la conspiration fut déjouée.

Dans la progression glorieuse du Café nous remarquons aussi,

---

(1) Chacun craint d'éprouver les tourments de Tantale ;
Déclieux seul les défie, et d'une soif fatale
Etouffant tous les jours la dévorante ardeur,
Tandis qu'un ciel d'airain s'enflamme de splendeur
De l'humide élément qu'il refuse à sa vie,
Goutte à goutte il nourrit une plante chérie.
L'aspect de son arbuste adoucit tous ses maux.

Esménard

(La Navigation, chant 6)

comme dans les triomphes des généraux romains, quelques voix discordantes (1), et nous nous étonnons d'entendre celle de Mme. de Sévigné prédisant que le Café passerait comme le Racine, et se trompant doublement. Sa prédilection passionnée pour le grand Corneille la rendait injuste envers l'auteur de Phèdre et d'Athalie. Et quant à cette boisson, elle avait trop d'esprit pour devoir recourir à celui qu'elle donne.

G. GALIUM. GALIUM. *Linn.*

Limbe calicinal inapparent, corolle rotacée, 4-fide. Quatre étamines saillantes, insérées au tube de la corolle. Deux styles courts, connés par la base. Feuilles verticillées.

Les Rubiacées de l'Europe présentent, atténués et modifiés, les principes énergiques que nous avons signalés dans celles de la zone intertropicale. Une petite plante, à fleur étoilée, qui se plait dans les buissons, sur la lisière des bois ou dans les pelouses arides, le Caille-lait, doit à ces principes de nombreuses vertus qui intéressent la médecine, l'économie domestique et les arts, et, quoique plusieurs lui soient contestées, elle se recommande à bien des titres. En médecine, le Caille-lait a été reconnu anti-spasmodique, anti-épileptique. L'économie domestique, dès avant Dioscoride jusqu'à nos jours, lui a attribué la propriété de coaguler le lait. Comme la plupart des autres Rubiacées, il possède des qualités tinctoriales très-prononcées. Les fleurs colorent la laine en jaune, les racines en rouge. Les os des animaux qui mangent ces racines deviennent rouges, et un ancien auteur a rapporté qu'une vache ayant brouté du Caille-lait, avait rendu du lait rouge.

Une autre espèce, le Grateron, si commun dans les haies et

---

(1) Le poète-médecin Redi a dit :

Beverei prima il veleno,
Che un bicchier che fosse pieno
Del amaro et reo Caffè.

dans les broussailles, présente un exemple bien remarquable des moyens employés par la Providence pour la dissémination des plantes : les graines, comme les feuilles, sont hérissées de poils qui s'accrochent à tous les objets qui les touchent en passant.

Insectes des Galium :

COLÉOPTÈRES.

Cassida nobilis. Fab. — V. Peuplier. Brez.

Cryptocephalus moræi. Linn — V. Cornouiller Sur le *G. luteum*. Suffrian.

Cryptocephalus lætus. Linn. — V. ibid. Sur le *G. verum*.

Timarcha rugusula. Ramb. — M. Souverbie a observé une quantité étonnante de ces Chrysomélines sur les bords de l'Océan, département des Landes. Il l'explique par l'abondance du *G. arenarium* qui sert de nourriture, tant à la larve qu'à l'insecte parfait.

Timarcha coriaria. Fab. — Sur le *G. verum* et *mollugo*.

Chrysomela polygona. Linn. — Sur le *G. verum*. Suff.

— moluginis. Dchl. — Sur le *G. mollugo*. Suff.

HÉMIPTÈRES.

Trigonosoma Galii. Wolff. — Cette Géocorise vit sur les *Galium*.

Doryderes aparines. L. Duf. — Cette Géocorise vit sur le *G. aparine* (Grateron); elle fait sa ponte vers la fin de juin, sur les tiges. Les œufs sont remarquables par le duvet court dont ils sont couverts. Ils s'ouvrent par un opercule en calotte, et le tissu de la coque, examiné au microscope, paraît réticulé comme celui des feuilles de quelques mousses.

Aphis aparines. Linn. — V. Cornouiller. Sur le *G. aparine*. Br.

Chrysanthia viridissima. Illig. — Sur le *G. mollugo* Schmidt.

LÉPIDOPTÈRES.

Arge stettinensis. Her. — V. Graminées. La chenille vit sur les *G. mollugo* et *verum*.

Deilephila galii. Fab. — V. Vigne. Sur le *G. verum*.
— euphorbiæ. L. — V. Ibid.
— elpenor. L. — V. ibid.
— porcellus. L. — V. ibid.
— lineata. L. — V. ibid. Sur le *G. verum*.
Macroglossa stellatorum. L. — V. Pommier.
Smerinthus ocellata. L. — V. Tilleul. Sur le *G. silvaticum*. Br.
Chelonia purpurea. L. — V. Cerisier.
Polia suda. B. (Galii. Andersch.)
Cidaria pyraliaria. B. V.
Coleophora therinella. Zell. — V. Tilleul. Il vole sur les *G. verum*.

DIPTÈRE.

Cecidomyia Galii. Winn. — V. Genévrier. La larve se développe dans les fleurs déformées des *G. uliginosum* et *mollugo*.

G. GARANCE. RUBIA. *Linn.*

Limbe calicinal très-entier ou inapparent. Corolle campanulée ou rotacée, à quatre ou cinq divisions ; quatre ou cinq étamines peu saillantes, insérées au tube de la corolle. Deux styles courts, soudés par la base.

Parmi les plantes qui alimentent l'industrie, la Garance est oin de présenter l'importance de plusieurs de ses sœurs. Le Lin, le Coton, la Betterave ont une valeur industrielle bien supérieure. Cependant elle a une histoire qui n'est pas sans interêt, permet de la suivre presque de siècle en siècle depuis une haute antiquité jusqu'à nos jours, et qui, comme celle des peuples, n'a pas eté exempte de revolutions, d'abaissements, de renaissances. Nous verrons même que cette histoire a été accompagnée d'une légende, comme tout ce qui a traversé le moyen-âge.

C'est chez les Celtes qui habitaient l'Aquitaine que sous le nom facilement reconnaissable de Waranche, nous découvrons d'abord la Garance cultivée comme plante tinctoriale, et souvent mélangée avec le Pastel. Introduite en Italie, Strabon, Pline, Dioscoride, Galien, la mentionnent surtout sous le rapport de ses propriétés médicinales, plus ou moins reelles. Ensuite, nous la retrouvons chez les Francs, au temps de Dagobert, figurant aux foires de St.-Denis, et enfin nous voyons Charlemagne l'inscrivant au nombre des plantes dont il ordonnait la culture dans ses domaines (1).

Plus tard, stimulée par le sage ministre Suger, la culture s'en étendit sur plusieurs de nos provinces. L'Alsace, le comtat Venaissin, la Picardie, l'Artois, la Flandre y trouvèrent de grands avantages. La Garance de Lille fut en réputation et le souvenir s'en est conservé dans l'une de ses plus anciennes rues, qui porte nom des Moulins-à-Garance.

Ensuite vinrent des temps d'abandon, de délaissement, causés par les dévastations de la guerre, les revirements de l'industrie, la découverte de l'Amérique et de la Cochenille; un préjugé la fit proscrire à Lille, où l'on vint à croire qu'elle donnait aux eaux des qualités malfaisantes. Et cependant elle triompha de ces obstacles; elle se releva à la voix de Colbert, et maintenant elle est dans un état de grande prospérité, grâce aux perfectionnements de l'art de la teinture, obtenus par les applications de la chimie et aussi à l'adoption de la Garance dans le costume militaire, sans doute, hélas! pour cacher la vue du sang versé dans les combats.

Toutefois, la culture de cette plante n'a pas pu se rétablir dans tous les lieux où elle fleurissait. Les agriculteurs des environs de Lille, sollicités par la Société impériale des Sciences, de l'Agriculture et des Arts, firent des essais qui leur prouvèrent que cette culture avait cessé d'être avantageuse, comparativement à plusieurs autres. Une seule récolte en trois ans ne leur donnait pas

---

(1) Volumus quod in hortuomnes herbas habeant, id est Lilium, Allia Warantiam.

(Capitul. de Villis suis.)

un prix de revient en rapport avec la valeur locative et les autres charges du sol.

A cette histoire de la Garance en France on a voulu substituer l'historiette d'un habitant de Smyrne qui, exilé de son pays, emporte la graine de cette plante dans une canne creusée, brave la peine de mort à laquelle il s'expose et vient enrichir Avignon pour prix de l'hospitalité qu'il y reçoit.

Insectes de la Garance :

LÉPIDOPTÈRE.

Macroglossa stellatorum. L. — V. Pommier. Sur le ***Rubia tinctorum***. Br.

G. ASPÉRULE. Asperula. Linn.

Limbe calicinal inapparent ou à quatre denticules. Corolle infundibuliforme ou campanulée, ordinairement à quatre, cinq divisions. Quatre étamines un peu saillantes, insérées au tube de la corolle. Deux styles souvent soudés presque jusqu'au sommet.

Parmi les espèces nombreuses de ce genre, nous en avons à mentionner deux seulement plus ou moins caractérisées par leurs noms vulgaires. L'*Asp. cynancha*, qui croît sur les pelouses desséchées, est l'***Herbe à l'esquinancie***, l'***Herbe de vie***, la ***Petite-Garance***, la ***Rubéole***. Ses vertus médicinales sont tombées en désuétude, mais ses propriétés tinctoriales sont encore utilisées dans les régions boréales. L'*Asp. odorata* est cette aimable fleurette connue sous les noms de ***Petit Muguet des Bois***, d'***Hépatique étoilée***, à laquelle on attribuait également des qualités bienfaisantes comme vulnéraire, astringente, sudorifique ; son odeur agréable de Mélisse nous décèle souvent sa présence, quand nous errons dans les forêts montueuses, quand surtout nous gravissons leurs flancs escarpés, que l'Aspérule affectionne ; ce parfum suave de la fleur s'accroît encore après la mort de la plante et devient ainsi l'image de la véritable gloire dont l'auréole est d'autant plus brillante qu'elle s'étend sur les âges lointains.

Insectes des Aspérules.

COLÉOPTÈRES.

Timarcha tenebricosa. Fab. — Il vit sur les *Asp.* des coteaux arides. Souverbie.

Lytta vesicatoria. Linn. — V. Catalpa. Brez.

DIPTÈRE.

Cecidomyia asperulæ. Macq. — V. Groseiller. Elle pique les capsules des fleurs encore en bouton de l'*Asp. cynanchia*, et elle les hypertrophie en forme de galles dans lesquelles vivent et se développent les larves.

CLASSE.

CONTOURNÉES. CONTORTÆ. *Bartl.*

Fleurs régulières. Calice inadhérent, deux ovaires libres ou connés. Lobes de la corolle contournés avant la floraison. Etamines interpositives.

Cette classe qui doit son nom à l'espèce de torsion qui contourne les fleurs avant la floraison, présente de l'affinité avec celle des Rubiacées, surtout par la puissance de leurs propriétés. Composée de plusieurs familles, nous trouvons dans l'une d'elles le terrible *Strychnos*, des forêts de Java, qui fournit aux Malais le suc dont ils empoisonnent leurs flèches. Dans une autre nous signalons les *Asclepiades* auxquelles nous devons des secours salutaires contre un grand nombre de nos affections organiques.

Dans une autre encore, les *Gentianes* se montrent éminemment fébrifuges ; elles ont été de la plus grande utilité en Europe jusqu'à la découverte de l'Amérique et l'introduction du Quinquina dont elles sont encore les meilleures succédanées. Il y aurait une injustice odieuse à méconnaître tant de bienfaits, et nous nous soulevons d'indignation contre l'impie qui a dit :

Dieu mit la fièvre en nos climats,
Et le remède en Amérique.

La fièvre atteint l'homme dans toutes les régions du globe, et la Providence a répandu également sur toutes les moyens de la combattre.

FAMILLE.

APOCYNÉES. Apocyneæ.

Embryon foliacé, feuilles non stipulées.

Cette famille qui doit son nom à l'*Apocynum cynocrambe*, décrit ou mentionné par Pline, Galien et Dioscoride, présente les caractères physiologiques les plus naturels; elle est aussi douée d'un suc laiteux qui lui est propre; et toutefois elle présente des végétaux les plus étrangers en apparence les uns aux autres, d'humbles plantes, comme la *Pervenche*, de jolis arbrisseaux tels que le *Laurier rose*, des buissons épineux (1), des Lianes aux longs sarments (2), de grands arbres (3).

Il n'y a guère moins de diversité dans les propriétés de leur suc laiteux. Le plus souvent acre, caustique et vénéneux, il est parfois très innocent; il se condense en caoutchouc (4), ou devient même une boisson aussi agréable que le lait (5). Les fruits de quelques uns servent d'aliment (6); plusieurs espèces ont des propriétés toniques ou fébrifuges (7); d'autres fournissent des matières tinctoriales et surtout de l'indigo (8). Enfin l'une d'elles, l'*Apocyn Gobe-Mouche* présente une singularité remarquable : les insectes attirés par le suc des nectaires, au fond de la corolle, insinuent leur trompe par le passage étroit qui se trouve entre les écailles sous les pistils et les ovaires, et ils ne peuvent la retirer. Les Mouches prises de cette manière, que j'ai pu observer, appartenaient toutes à une seule espèce, *Anthomyia æstiva*. Meig.

---

(1) Le Carissa Caranda, de l'Inde.

(2) Le Méladinus monogynus, de l'Inde

(3) Le Couma de la Guyane.

(4) L'Urceola elastica, de Sain-Cera.

(5) Le Tabernemontana, arbre vache, de la Guyane.

(6) Le Willughbeia edulis, de l'Inde.

(7) L'Ophioxylon Serpentinum, des Moluques.

(8) Le Wrightia tinctoria, de l'Inde.

La Pervenche est la seule plante européenne dont nous ayons à nous occuper dans cet ouvrage.

G. PERVENCHE. VINCA. Linn.

Calice à cinq divisions. Corolle hypocratériforme, à gorge évasée, barbue, couronnée d'un anneau membraneux; limbe à cinq parties, lobes étalés, obtus, obliques. Cinq étamines incluses, insérées vers le milieu du tube de la corolle; filets géniculés à la base. Style claviforme.

La Pervenche, déjà mentionnée par Pline, jouit à divers titres d'une réputation plus ou moins méritée. Au point de vue médical elle est faiblement sudorifique, fébrifuge et vulnéraire; elle entre dans la composition du faltranck suisse. Dans les temps d'ignorance et de superstition, elle servait à des usages mystérieux et portait le nom de *Violette des sorciers*. Ce que personne ne lui conteste, c'est d'être charmante, c'est d'être l'ornement des bois par ses fleurs d'azur et son feuillage lustré. Elle orne surtout les ombrages formés par les grands arbres et les hauts rochers au pied desquels elle s'étend en larges pelouses.

Aux quailtés qui la font aimer il s'est joint, pour la génération qui nous a précédés, le prestige du nom de J.-J. Rousseau qui, dans ses confessions, a exprimé pour la Pervenche une admiration passionnée que tous les disciples du philosophe se sont fait un devoir de partager (1).

Cette plante a d'autres droits encore à nos hommages. C'est comme symbole de l'innocence et de la pudeur qu'en Suisse, en

(1) Voyez quand la Pervenche, en nos champs ignorée,
Offre à Rousseau sa fleur si longtemps desirée :
La Pervenche, grand Dieu, la Pervenche! Soudain
Il la couve des yeux, il y porte la main,
Saisit sa douce proie; avec moins de tendresse
L'amant voit, reconnaît, adore sa maîtresse.

Delille (L'Homme des champs).

Toscane et même dans quelques cantons de France, elle sert à décorer le tombeau des jeunes filles, et, par une coïncidence singulière, en Belgique et en Hollande on jonchait de Pervenches le chemin que parcourait la nouvelle mariée pour se rendre chez son époux, ce qu'exprime le nom hollandais de cette plante, ***Maagdepalm***.

Nous n'avons recueilli sur les insectes de la Pervenche qu'une seule note, mais elle offre de l'intérêt en fournissant une preuve de l'affinité qui règne entre des plantes en apparence fort étrangères les unes aux autres. Les Botanistes seuls reconnaissent généralement entre la Pervenche et le Laurier-rose des rapports qui cependant sont reconnus par la chenille du sphinx de cet arbrisseau, ***Deilephila Nerii***. Linn., vivant de cette plante. C'est M. Pierret qui en a fait l'observation.

FAMILLE.

ASCLÉPIADÉES. Asclepiadeæ. Jacquin.

Pollen à granules cohérents. Feuilles non stipulees.

Cette famille présente un phénomène de physiologie végétale qui prouve à quel point la nature, cet ensemble des lois du Créateur, sait atteindre un but par des voies différentes. Très-voisine des Apocynées, sous tous les rapports, à l'exception d'un seul, elle s'en éloigne, et en même temps de presque tous les autres végétaux, par une partie des organes de la fructification et particulièrement par la forme concrète, non pulvérulente, du pollen. Pendant longtemps les botanistes se sont divisés sur l'interprétation à donner à chaque partie (1), et il n'a fallu rien moins que

(1) Linnée regarde les écailles comme les étamines; Adanson prend les cornets pour les filaments des étamines et les écailles pour les anthères; Jacquin pense que les anthères sont renfermées dans les loges des écailles; Desfontaines regarde les corpuscules noirs comme les vraies anthères, et se fonde sur ce que chacun d'eux est placé sur les fentes du pistil qui lui paraissent jouer le rôle de stigmate; Richard, au contraire, regarde les corpuscules noirs comme des espèces de stigmates mobiles,

la sagacité de M. Adrien de Jussieu pour dissiper l'obscurité et nommer chaque chose par son véritable nom ; mais le pollèn n'en reste pas moins très anormal dans sa structure et ne peut remplir sa destination que par un moyen fort anormal lui-même (1), qui ne présente quelque rapport qu'avec celui qu'offrent les Orchidées.

Les Asclépiadées, comme la plupart des types extraordinaires, ne forment qu'un groupe peu considérable. Outre le genre dont leur nom est tiré et qui comprend quelques espèces européennes, nous mentionnons les *Stupelia*, de l'Afrique, pour la singularité de leurs fleurs, les *Gymnema*, du Pérou, où l'on emploie ses feuilles à faire de l'indigo, les *Marodenia* des montagnes de l'Inde, dont les fibres corticales ont plus de tenacité qu'aucunes autres du règne végétal, les *Ceropegia*, enfin, dont les Hindoux mangent la racine, la tige et les feuilles.

G. ASCLEPIADE ASCLEPIAS. Linn.

Calice et corolle à cinq divisions. Couronne de cinq folioles cu-

---

séparés du pistil ; Lamarck, considérant que les étamines de toutes les Apocynées sont alternes avec les divisions de la corolle, regarde les écailles comme des étamines, et les deux loges de leur face interne comme les anthères. — V. Rendu, Encyc. du 19 siècle.

(1) A une époque peu avancée du développement de la fleur, dans cinq sillons de stigmate qui alternent avec les anthères, s'organisent deux petits corps glandiformes, plus tard confondus, prolongés chacun en une sorte de queue gélatineuse, laquelle, au moment de la déhiscence, s'unit à l'extrémité de la masse pollinique correspondante et la tire à elle hors de la loge, de sorte qu'examinée à cette époque, cette masse, la glande portée sur le stigmate et son prolongement ne semblent plus faire qu'un seul corps. Ce corps pollinique est formé d'un tissu cellulaire à cellules intimement unies, renfermant chacun un grain à membrane simple dont la paroi cellulaire environnante doit être considérée peut-être comme la membrane externe. Quoi qu'il en soit, une fente longitudinale finit par s'établir sur un des côtés de la masse, et des cellules ainsi ouvertes s'échappent les grains qui viennent s'appliquer seulement à la partie inférieure du gros stigmate, auprès de l'insertion du style dans lequel les tubes polliniques pénètrent ainsi. — Ad. de Jussieu, cours élémentaire de Botanique.

culliformes, munies chacune d'un appendice subulé. Anthères terminées en appendice membraneux.

Les Asclépiades (nous y comprenons plusieurs espèces dont on a fait des genres particuliers), en portant le nom latinisé d'Esculape, semblent consacrées au dieu d'Epidaure, en faveur de toutes leurs vertus médicinales, et en effet, la plante à laquelle Pline et Dioscoride ont donné ce nom, était douée de plusieurs propriétés salutaires; mais elle est inconnue des modernes, et Linnée a appelé Asclépiades des végétaux différents.

Le type de ce genre est l'*Asc. de Syrie* qui décore nos jardins de ses fleurs, mais dont le suc est âcre et caustique. En Orient, les longs poils soyeux qui couronnent les graines servent de ouate, et les tiges fournissent de la filasse.

L'*Asc. dompte-venin*, *vincetoxicum*, des lieux secs et arides, a joui longtemps de la réputation qui lui a valu son nom; mais elle est tombée en discrédit, et son nom perd aussi sa signification. Enfin la même plante porte dans les langues latine, allemande, hollandaise et anglaise (1), un nom vulgaire dérivé de celui de l'hirondelle dont il m'a été impossible jusqu'ici de découvrir l'origine.

Je trouve dans mes notes la suivante : « Un ami me donna un morceau d'une corde qui avait servi, à Pompéi, pour entourer une amphore. Je fus surpris de voir qu'elle était formée d'Asclépiade dont les fibres, encore reconnaissables, ne sont plus employées nulle part, que je sache, à cet usage »

Insectes des Asclépiades.

COLÉOPTÈRES.

Cassida thoracica. Kus — V. Peuplier. Elle vit sur l'*A. vincetoxicum*. Suffr.

---

(1) Hirundinaria, Schwellowkrunt, Swaluw-Kruid, Swallow-Wort.

Chrysochus pretiosus. Fab. — Cette Chrysoméline est commune sur l'*A. vincetoxicum*. Ghiliani.

Chrysomela asclepiadis. Villa. — V. Saule.

HÉMIPTÈRES.

Cimex equestris. Linn. — V. Tilleul. Elle vit sur l'*A. vincetoxicum*.

Centrotus cornutus. Linn. — V. Genêt des teinturiers. Il se tient de préférence sur les hautes tiges des *Asclépiades*. Amyot.

LÉPIDOPTÈRE.

Abrostula asclepiadis. Fab. — La chenille de cette Noctuélite a la tête petite et plate, les premiers segments fort atténués et le onzième relevé en bosse. Bien qu'elle ait seize pattes, elle tient constamment le corps arqué comme celle des *Plusia*, parce qu'elle ne s'appuie pas sur les deux premières pattes membraneuses Avant de se transformer, elle s'enferme dans un cocon de soie d'un tissu mou qu'elle place entre des feuilles ou dans les interstices des écorces. Duponchel.

FAMILLE.

GENTIANÉES. Gentianeæ. Juss.

Embryon petit, axile, rectiligne. Feuilles non stipulées.

Cette famille appartient en grande partie aux climats tempérés de l'hémisphère septentrional ; un grand nombre d'espèces croissent même sur les hautes montagnes, voisines des glaciers et des neiges éternelles, et cependant, elles sont pourvues de propriétés tellement énergiques qu'on les croirait propres aux régions tropicales. Les sucs amers qu'elles sécrètent les rendent précieuses en médecine et surtout comme fébrifuges. Les *Gentianes proprement dites*, l'*Erythrée* qui est si connue sous le nom de *Petite-Centaurée*, le *Ményanthe*, c'est-à-dire le *Trèfle d'eau*, ont été supplantés par le Quinquina, plutôt à cause de la préférence que l'on accorde trop souvent aux objets qui viennent de loin, que pour leur mérite réel (1).

(1) Le docteur Loiseleur des Longchamps assure qu'en prenant les fleurs de la Petite Centaurée à forte dose, on la substituerait avec succès au Quinquina.

Ces plantes se recommandent aussi par l'élégance de leurs fleurs ; plusieurs d'entre elles ornent nos parterres, telles que les *Gentianes acaulis*, *Asclépiade*, *Saponaire*; mais elles ne brillent jamais de plus d'éclat que dans les sites où la nature les a plantées, dans les bois et les paturages des Alpes, du Caucase, de l'Altaï, à l'ombre des Chênes, des Mélèzes, des Cèdres.

G. GENTIANE. GENTIANA. Tourn.

Calice à 4-10 divisions, corolle à quatre ou cinq parties, dépourvue de favéoles ; gorge nue ou couronnée d'appendices. Quatre ou cinq étamines insérées au tube de la corolle. Style nul ou très-court.

Les Gentianes, sous le double rapport de leurs vertus et de leur beauté occupent un des rangs les plus élevés parmi les plantes herbacées. Déjà en grande réputation au temps de Pline qui en attribue le premier usage à Gentius, roi d'Illyrie, dont elles ont reçu le nom, elles n'ont pas cessé d'offrir un secours puissant à l'humanité souffrante ; leur racine, dont l'amertume est extrême, exerce sur l'organe de la digestion une action tonique très salutaire ; elle combat un grand nombre d'autres affections, est éminemment fébrifuge, et, sous ce rapport, il n'a fallu rien moins que la découverte de l'Amérique et du Quinquina pour la supplanter.

La beauté des Gentianes apparait également à tous les yeux. Elle réside surtout dans l'éclat des couleurs : l'azur du ciel ne se reflète dans aucune autre fleur avec autant de pureté. Comment n'applaudirions-nous pas à l'élôge poétique qu'en à fait Haller, surtout quand nous avons vu la *Gentiane acaulis* briller de tout son éclat, jusques dans les moindres interstices des rochers, lorsque nous gravissions les flancs du Grand-Saint-Bernard, saisi d'admiration à la vue du spectacle sublime que nous présentait la nature, admiration qui allait s'exalter plus encore en arrivant à l'hospice, en voyant les merveilles opérées par la charité chrétienne,

Insectes des Gentianes :

COLÉOPTÈRE.

Pachyta virginea. Fab. — V. Tilleul. Il est si nombreux sur les *Gentianes jaunes* des Basses-Alpes que M. Bellier de la Chevegnerie a compté jusqu'à cinquante individus sur une seule tige.

LÉPIDOPTÈRES.

Acronycta euphrasiæ. Borkh. — V. Tilleul. La chenille vit sur la *G. Asclépiade*. Freyer.

Acronycta auricoma. Fab. — V. Tilleul. La chenille vit sur la même plante.

Xanthia rubecula. Esp. — V. Saule. On la trouve dormant sur la *G. jaune*. Bellier de la Chev.

Luperina imbecilla. Bell. — V. Pin silvestre. Ibid, ibid.

Hadena glauca. H. – V. Spartier. La chenille vit sur la *G. Asclépiade*. Freyer.

Hadena dentina. Esp. — V. Ibid. Sur la *G. jaune*. Bell. de la Chev.

Noctua festiva. W. W. — Ibid. ibid.

Pterophorus graphodactylus. Tr. — V. Rosier. La chenille vit sur *G. jaune*.

G. MENYANTHE. MENYANTHES. Linn.

Calice à cinq divisions. Corolle non persistante, un peu charnue, à cinq divisions, à lobes barbus. Cinq étamines insérées au tube de la corolle. Style filiforme.

Rien de plus contrastant au premier aspect que la Gentiane et le *Ményanthe Trèfle d'eau*. La première occupe une des zônes les plus élevées de la végétation alpine ; le second croît au bord des marais les plus aquatiques ; tous les organes de l'une et l'autre de ces plantes semblent différer également entr'eux et sont appropriés aux sites qu'elles occupent respectivement. Cependant, si l'on compare les fleurs, on reconnaît les mêmes caractères, quoique déguisés, et telle est la supériorité des caractères fournis par ces organes sur tous les autres, que le Menyanthe présente tous les principes constitutifs de la Gentiane, les mêmes sucs propres, la même amertume, et partout les mêmes propriétés. La Providence a voulu faire participer aux mêmes bienfaits le chevrier des châlets et le pâtre des marécages, et il ne lui a fallu pour cela qu'un coup de sa magique baguette.

Les fleurs du Menyanthe n'ont pas la beauté de celles de la Gentiane, mais elles sont fort jolies : elles se groupent en petits bouquets élégants, d'un blanc de neige, nuancées à l'extérieur de rose ou de pourpre, et garnies sur les parois intérieures de leur corolle d'une touffe de filaments d'une grande délicatesse et d'une blancheur extrême.

Insectes des Ményanthes :

COLÉOPTÈRES.

Donacia menyanthidis. Fab. — V. Potamogéton.

Lema cyanella. Fab. — V. Sagittaire. Il vit sur le *M. trifoliatus*. St.

LÉPIDOPTÈRES.

Arctia lubricipeda. Fab. — V. Poirier. La chenille vit sur le *M. trifoliatus*. Hering.

Arctia urticæ. Esp. — V. Ibid. ibid.

— menthastri. Fab. — V. Ibid, ibid.

Acronycta menyanthidis. Esp. — V. Tilleul. La chenille vit sur le *M. trifoliatus*. Her.

Acronycta rumicis. L. — V. Ibid.

Simyra venosa. Borkh. — V. Saule Sur le *M. trif* Her.

CLASSE.

TUBIFLORES. Tubiflore. Bartl.

Fleurs régulières. Calice inadhérent. Corolle à cinq lobes imbriqués avant la floraison. Cinq étamines interpositives. Ovaires deux à quatre, distincts ou connés. Placentaires centraux.

Cette classe est formée de plusieurs familles (1), composées

---

(1) Les Borraginées, les Hydrophyllées, les Solanées, les Convolvulées, les Hydroléacées et les Polémoniacées

généralement de simples plantes herbacées, mais souvent précieuses par leur utilité ou leur beauté. Ces plantes sécrètent divers sucs dont les nombreuses combinaisons leur donnent des propriétés très différentes, très souvent salutaires; c'est ainsi qu'un suc amer, où abonde le nitrate de potasse, et qui se joint à un principe, mucilagineux prédomine dans la *Bourrache* et la rend pectorale et dépurative; c'est de la même manière que des sucs âcres et amers, mêlés à un principe alcalin et narcotique donnent au *Tabac* ces propriétés qui l'ont élevé à une si étonnante fortune. Quelquefois le mucilage domine plus encore et il en résulte la *Pomme de terre* qui partage avec les céréales l'honneur de nourrir l'homme; d'autres fois, les sucs âcres et narcotiques ne sont mitigés que faiblement, et alors les plantes sont plus ou moins dangereuses : la *Stramoine*, la *Jusquiame*, la *Belladone* peuvent causer la mort; mais mises en œuvre par la circonspection et la science, elles se transforment en substances salutaires.

Parmi les végétaux appartenant à cette classe, plusieurs nous plaisent par leurs fleurs, et nous cultivons comme plantes d'agrément les *Phlox*, les *Belles-de-Jour*, les *Némophytes*, les *Datura*, les *Petunia*, les *Cobea*, les *Myosotis*, les *Héliotropes* que l'horticulture a souvent embellis encore par les prodiges qu'elle sait opérer.

FAMILLE.

BORRAGINÉES. BORRAGINEÆ. Juss

Péricarpes de quatre nucules distinctes ou soudées. Périsperme nul. Embryon rectiligne, invers.

Les Borraginées composent une famille naturelle, utile, souvent agréable : elle est naturelle par ses principes constitutifs, par ses caractères constants : quatre graines nues, situées au fond du calice, jointes à la corolle régulière; la disposition des fleurs en épis unilatéraux, ordinairement contournés en spirale, qui ont été travestis en *queue de scorpion*. La place que ces plantes occuent dans l'ordre naturel est à côté des Labiées dont elles ne diffèrent essentiellement que par la régularité de leur corolle.

Les Borraginées sont utiles par leurs propriétés médicinales qu'elles doivent à un principe mucilagineux, joint le plus souvent à un élément amer et astringent, où abonde le citrate de potasse. Les anciens, trop portés à exagérer les propriétés des plantes, exaltaient presqu'en panacées celles des Borraginées; les modernes, trop disposés au scepticisme, leur refusent à peu près tout crédit. Nous nous persuadons qu'elles ont été trop élevées et rabaissées; nous croyons que la Providance les a destinées à guérir les maux inhérents à notre nature matérielle. Nous aimons à voir la *Consoude*, fidèle à son nom, exercer son action vulnéraire en soudant, en fermant les lésions organiques; la *Bourrache*, dépurative, cordiale, rafraichir notre sang et nous rendre nos forces; la *Pulmonaire* pectorale, soulager nos affections de poitrine.

Plusieurs Borraginées ont pour mission de nous plaire: telles que le *Myosotis* par sa beauté, l'*Héliotrope du Pérou* par son parfum. Parmi celles qui sont étrangères à l'Europe, quelques unes ont un goût agréable: mais elles ne sont guères connues que par les botanistes qui leur ont quelquefois donné des noms peu faits pour nous les rendre aimables: *Messerschmedtier*, *Meneghinia* et d'autres encore.

G. CYNOGLOSSE. CYNOGLOSSUM. Linn.

Calice à cinq divisions. Corolle infundibuliforme; gorge presque fermée par cinq écailles convexes, limbe à cinq lobes. Cinq étamines incluses, insérées au tube de la corolle. Style filiforme.

Tout dans les Cynoglosses, à l'exception de l'origine de leur nom, a été sujet à contradiction ou à contestation. La plante à laquelle Pline donnait ce nom n'était pas celle ainsi nommée par Dioscoride. Ni l'une ni l'autre ne sont considérées commes telles par les modernes, quoique Mathiole regardât la Cynoglosse de Pline comme identique avec notre *Cynoglosse officinale*.

Il n'existe pas moins de divergences d'opinion relativemen aux propriétés de ces plantes. Les médecins se sont divisés er deux camps pour les attaquer ou les défendre : les uns dénoncen la Cynoglosse comme vénéneuse et citent une famille entièr empoisonnée par l'usage qu'elle en avait fait ; les autres célèbren ses vertus émollientes, sédatives, rafraichissantes, narcotiques (on a dit que les feuilles, dont la forme avait donné lieu à son nom avaient par cette raison, la vertu de préserver contre les effets de la morsure des chiens. On vante et on emploie souvent les pilules de Cynoglosse ; mais on assure qu'elle n'est pour rien dans leur efficacité, qui doit être attribuée à la Jusquiame, à l'Opium et autres ingrédients de cette drogue. Nos bestiaux mêmes sont d'avis différents : la Chèvre broute la Cynoglosse : le Mouton, la Vache, le Cheval l'évitent.

Insectes de la Cynoglosse :

COLÉOPTÈRES.

Cneorhinus geminatus. Fab. — V. Coudrier. Il est très commun sur le *C. officinale*. Watt.

Dibolia cynoglossi. Ent. Heft. — Cette Alticite vit sur le *C. officinale* en Russie.

HÉMIPTÈRE.

Cimex æquinoxialis. Linn. — V. Tilleul Il vit sur les fleurs du *C. amphalodes*. Br.

LÉPIDOPTÈRES.

Callimorpha dominula. Fab. — V. Saule. Br.

Arctia fuliginosa. Linn. — V. Poirier. — La chenille marche en grand nombre sur la neige, en Norwège, pendant l'hiver et annonce un été froid et même la disette. Elle vit sur le *C. omphalodes*.

Chelonia aulica. L. — V. Cerisier. La chenille vit sur le *C. officinale*, en Sibérie. Br.

DIPTÈRES.

Agromyza mobilis. Meig. — V. Avoine. La larve mine les feuilles du *C. officinale*. Bouché.

Agromyza lateralis, Meig. Ibid, ibid.

G. BOURRACHE. Borrago. *Tourn.*

Calice à cinq divisions; corolle rotacée; gorge fermée par cinq écailles, courtes, obtuses, échancrées; limbe étalé, à cinq divisions. Cinq étamines, saillantes insérées à la gorge de la corolle, filets courts. Style filiforme.

La Bourrache officinale, dont le nom ne dérive ni du grec ni du latin, était connue des anciens sous le nom de *Buglosse*. (*Langue de bœuf*). Elle est, dit-on, originaire d'Orient, et son introduction en France est attribuée aux croisades; cependant, suivant une autre opinion, elle était déjà connue des Gaulois, et les Druides connaissaient ses propriétés médicinales, qui n'ont pas cessé d'être reconnues et employées. Le suc mucilagineux, imprégné de nitrate de potasse, que contiennent en abondance toutes les parties de la plante, est éminemment pectoral, dépuratif. L'usage en est très-salutaire dans les maladies cutanées. Les anciens attribuaient à la Bourrache la puissance de dissiper la mélancolie de certains hypocondriaques tourmentés par des spectres et des fantômes. Parmi les modernes, plusieurs lui ont reconnu la vertu stimulante, exhilarante, cordiale, et il est remarquable que le nom de Borrago est évidemment une altération de *corago, cor ago*, conformément au vers suivant :

Dixit Borrago : gaudia cordis ago (1).

Insectes de la Bourrache :

COLÉOPTÈRE.

Ceutorhynchus borraginis. Fab. — V. Bruyère.

HYMÉNOPTÈRE.

Apis mellifica. Linn. — Les abeilles recherchent avidement les fleurs pour y butiner.

---

(1) Le mot courage paraît avoir la même origine.

LÉPIDOPTÈRE.

Plusia gamma. L. — La chenille de cette Noctuélite vit s la *B. officinale*. Elle n'a que douze pattes, les deux premières pair abdominales lui manquant, ce qui l'oblige à marcher comme l arpenteuses. Avant de se transformer elle s'enferme dans tissu léger et fixé aux feuilles ou aux tiges de la plante.

G. BUGLOSSE. Anchusa. *Linn.*

Calice à cinq divisions. Corolle infundibuliforme, tube cyli drique, de la longueur du calice. Limbe à cinq lobes obtu écailles ovales.

Le trait caractéristique de la Buglosse, c'est la grande analog qu'elle présente avec la Bourrache, jointe aux différences q distinguent ces deux plantes : l'une et l'autre ont le même aspec la même structure des fleurs, les mêmes qualités physiologique les mêmes usages domestiques, les mêmes propriétés médicinale le même suc mucilagineux, où abonde le nitre ; l'une, enfin, e l'*alter ego* de l'autre. Leurs destinées mêmes n'ont pas différé, après avoir été investies des mêmes attributions importantes médecine, elles se trouvent réduites à être simplement utiles.

S'il est vrai que la Bourrache est d'origine orientale, on pe croire que la Providence avait voulu en étendre le bienfait à l'O cident, en y reproduisant le type de ce végétal avec les modi cations qu'exigeaient les différences des climats.

Je vois le nom de cette plante écrit de deux manières : *Buglos* et *Bugluse*. Cette dernière a pour elle l'euphonie et le dictio naire de l'Académie. La première se prévaut de l'etymologie *bous glossa*, langue de bœuf, de la forme de la langue.

Insectes des Anchusa :

COLÉOPTÈRES.

Phytœcia virescens. Pranz. — V. Vigne.

Teinodactyla anchusæ. Payk. —V. Echium.

LÉPIDOPTÈRE.

Sericoris artemisiana. Zell. — V. Bruyère. La chenille vit su l'*A. officinalis*.

G. CONSOUDE. SYMPHITUM. *Linn.*

Calice à cinq divisions. Corolle infundibuliforme; tube pentagone, gorge formée par cinq écailles subulées; limbe campanulé, à cinq divisions. Cinq étamines insérées au tube de la corolle. Style filiforme.

Parmi les plantes bienfaisantes dont les noms font allusion à leurs vertus, il en est peu d'aussi populaires que la Consoude. Vulnéraire, astringente, émolliente, elle resserre les tissus des organes, les soude, les réunit : *Consolida*, *Solidago*, *Consoude*, *Symphitum*. Quoiqu'elle ait cessé d'être usitée à l'extérieur, elle est toujours employée pour les lésions intérieures.

Comme dans beaucoup d'autres plantes, la Pulmonaire, la Bourrache, la Cynoglosse, on a voulu voir l'indication des propriétés de la Consoude dans quelques parties de son organisation, et on a cru la découvrir dans la disposition des feuilles dont le limbe, au lieu de se détacher de l'axe dès sa naissance, adhère à cet axe et forme sur lui deux ailes saillantes qui, après avoir bordé la tige dans une certaine étendue, s'en dégagent enfin et s'élargissent en limbe allongé et pointu. Quant aux rameaux qui naissent de l'aisselle de ces feuilles, il n'est pas facile de reconnaître leur point de départ, parce qu'ils sont, comme elles, soudés à la tige dans une partie de leur longueur. (Le Maout.)

Insectes des Consoudes :

COLÉOPTÈRES.

Ceutorhynchus asperifolium. Fab. — V. Bruyère. La larve vit au collet des racines du *S. tuberosum* ; elle s'enfonce ensuite dans la terre pour se transformer. Perris.

Teinodactyla consolidæ. Stev. — V. Echium.

— nigra. Fab. — Ibid. Il vit sur la *Grande Consoude*. Fairmeire.

LÉPIDOPTÈRE.

Ceillimorpha hera. L. — V. Saule. Br.

G. MYOSOTIS. Myosotis. Linn.

Calice à cinq divisions, tubuleux ou campanulé. Corolle infundibuliforme, tube cylindrique ; gorge garnie de cinq écailles courtes, glabres. Cinq étamines incluses, insérées au tube de la corolle. Style filiforme.

Les noms donnés aux choses l'ont été sous l'influence d'impressions quelquefois bien différentes. Les plantes particulièrement ont subi cette influence plus que beaucoup d'autres objets, en raison des différentes classes des nomenclateurs. Non-seulement elles ont été souvent nommées par le peuple et par les savants ; mais la botanique étant à la fois du domaine des naturalistes, des médecins, des pharmaciens, des chimistes, les noms se sont ressentis de cette diversite d'origine, et il en est résulté parfois des contrastes les plus singuliers. La plante qui nous occupe s'appelle à la fois *Myosotis*, c'est à-dire *Oreille de souris*, trop joli nom pour l'objet qu'il exprime ; *Scorpione* qui, en dépit de sa beauté, rappelle l'un des animaux les plus hideux et les plus redoutés ; et, au contraire, devenue le symbole du plus tendre sentiment, elle se nomme : *Plus je vous vois, plus je vous aime* ; *Ne m'oublie pas*, *Vergiss mein nicht*. Cette charmante miniature a été figurée par cinq topazes enchâssées dans une turquoise. Enfin, le peuple de nos pieuses campagnes la nomme *les Yeux de l'Enfant-Jésus*, tant il y a de pureté dans l'azur de sa corolle, de grâce et de suavité dans l'ensemble de cette délicieuse créature.

Insectes des Myosotis :

HYMÉNOPTÈRES.

Nematus myosotidis. Fab. Hartw. — V. Groseiller.

Pristiphorus myosotidis. Lep. (Pteronus myos. Jur) — La fausse chenille de cette Tenthrédine vit sur le *Myosotis arv*. Br.

LÉPIDOPTÈRES.

Dejopeia pulchra. Esp. (Phulœna *pulchella*. Linn.) La chenille de cette Lithoside se métamorphose dans un tissu lâche, entouré de mousse. Br.

Adela rufifrontella. Tr. — V. Saule. Sur le *M. arvensis*, en Allemagne.

G. PULMONAIRE PULMONARIA. Tourn.

Calice prismatique, à cinq divisions. Corolle infundibuliforme ; tube cylindrique ; gorge inappendiculée, barbue ou évasée. Limbe à cinq lobes. Cinq étamines incluses, insérées au tube de la corolle. Style filiforme.

Parmi les plantes auxquelles on a attribué des propriétés qui étaient indiquées par une partie de leur organisation, il en est peu d'aussi remarquables que la Pulmonaire. Ses larges feuilles, singularisées par des taches blanchâtres arrondies, présentent avec la surface des poumons, une sorte de ressemblance qui a été interprétée dans ce sens, de manière que ces feuilles étaient considérées comme un excellent remède contre les affections de poitrine ; et maintenant que l'on a cessé de croire à cette coïncidence entre les propriétés des plantes et leurs signes extérieurs, on reconnaît cependant encore l'efficacité des feuilles de la Pulmonaire employées en fomentations et boissons pectorales, grâce au suc mucilagineux et astringent dont elles sont imprégnées.

Insectes de la Pulmonaire :

COLÉOPTÈRE.

Phyllotreta nemorum. Fab. — V. Chou. Br.

HYMÉNOPTÈRE.

Apis mellifica. Linn. — Les abeilles sont très avides des sucs de la Pulmonaire.

LÉPIDOPTÈRES.

Xanthia pulmonaris. Esp. — V. Saule.
Pterophorus zetterstedthii. Zell. — V. Rosier.

G. VIPÉRINE. ECHIUM. Tourn.

Calice persistant, à cinq divisions. Corolle tubiforme, à cinq lobes inégaux Cinq étamines.

La Vipérine, traduction d'*Echium*, nous plaît, malgré l[a] répulsion que nous inspire son nom, par l'aspect agreste de so[n] buisson hérissé, par ses longues feuilles velues, dont les inf[é]rieures s'étalent en rosette, par les bouquets allongés qui ornen[t] la moitié de sa tige, et dont les fleurs azurées, aux étamine[s] pourpres, nous charment au bord des champs, sur la lisière de[s] bois.

L'*Herbe aux Vipères* paraît devoir son nom à la vertu que le[s] anciens lui accordaient de guérir la morsure de ce serpent, vert[u] révélée par les taches brunes de la tige, par la ressemblance qu[e] présente la disposition des quatre graines réunies, avec la tête d[u] reptile. Cette propriété n'a pas été vérifiée par les modernes, mai[s] il reste à la Vipérine celle d'adoucir l'âcreté du sang, par sa na[-]ture dépurative; l'infusion en est utile dans les légères affection[s] de poitrine; la médecine domestique conserve sa faveur à cett[e] belle plante.

De nombreux insectes vivent sur la Vipérine et les abeille[s] viennent en foule butiner sur ses fleurs.

Insectes des Echium :

COLÉOPTÈRES.

Anthaxia nitida. Ross. (A. echii. Dahl.)

Malachius bipustulatus. Fab. — V. Lierre. — La larve se développe sur les tiges de l'*E. vulgare*. Vellot.

Ceutorhynchus echii. Fab. — V. Bruyère.

Odontatis dentalis. Schr. — Sur l'*E. vulgare*.

Phytœcia virescens. Panz. — V. Vigne. — La larve vit dan[s] la tige et jusques dans les racines de l'*E. vulgare*. Muls.

Teinodactyla echii. Ent. Heft. — La larve de cette Chrysomé[-]line vit sur l'*E. vulgare*.

Crepidodera exoleta. Fab. — V. Saule.

HÉMIPTÈRE.

Tingis echii. Wulff. (Monanthia). — Dans tous ses états, il vi[t] sur l'*E. vulgare*.

LÉPIDOPTÈRES.

Stygia australis. Dr. — La chenille de cette Endagride est glabre et d'un blanc livide, avec la tête et les trois premiers segments roussâtres et paraissant cornés. Les pattes membraneuses sont très-courtes et depourvues de couronnes. Elle vit dans la tige et les racines de l'*E italicum*. Avant de changer en chrysalide, elle s'enfonce dans ces racines et se fabrique un cocon revêtu à l'extérieur de molécules de terre et tapissé intérieurement d'un tissu de soie très-serré.

Mamestra scursa L. — Cette Noctuélite voltige autour de l'*E. vulgare*. Héring.

Caradrina alsins. Borkh. — La chenille de cette Noctuélite est courte, ramassée, aplatie en dessous, à tête petite. Avant de se transformer, elle se forme un cocon ovoïde, de terre et de soie, enfoncé assez profondément dans la terre. Dans l'état parfait, la Caradrine voltige autour de l'*E. vulgare*.

Xanthia echii. Hering. — V. Saule.

Xylina virens. Hering. V. ibid. — La chenille vit sur l'*E. vulgare*.

Plusia interrogationis. L. — V. Lonicère. La chenille vit sur l'*E. vulgare*.

Heliothis marginata. Fab. — V. Coudrier. Même observation.

Cleophana antirrhini. H. — La chenille de cette Noctuélite est atténuée aux deux extrémités; elle a la tête petite. La chrysalide est munie d'une gaine ventrale longue et linéaire et elle est renfermée dans un cocon papyracé, attaché aux tiges. Elle vit sur l'*E. vulgare*.

Dianthœcia echii. Borkh. — V. Œillet.

Aedia echiella. WW. — La chenille de cette Yponeumitide vit solitaire, elle se nourrit de l'*E. vulgare*, et se métamorphose dans un cocon de soie fixé aux feuilles. La chrysalide est pyriforme avec deux crochets à l'anus.

DIPTÈRE.

Cecidomyia echii. Von Heyden. — V. Groseiller. La larve vit sur l'*E. vulgare* sans causer de déformation.

G. GREMIL. LITHOSPERMUM. Tourn.

Calice à cinq divisions. Corolle hypogyne, infundibuliforme; gorge nue, limbe à cinq lobes. Cinq étamines incluses, insérées au tube de la corolle. Style simple.

Le Gremil, *Herbe aux Perles*, *Lithospermum*, *Milium solis* ou plutôt *soler*, du nom des montagnes ou il croît en abondance, doit ces noms à l'aspect pierreux ou au poli ou à la forme de sa graine. L'apparence et la dureté de la pierre frappaient les anciens au point que Pline, dans sa crédulité, prenait la chose à la lettre, et s'émerveillait de voir une herbe produire de petites pierres blanches. Il reconnaissait, à la vérité, qu'elles contiennent de petites cavités pleines de graines, du côté qu'elles tiennent à la plante; mais cela ne lui suffisait pas pour le détromper, et il exaltait le Lithospermun, la Graine Pierre, comme la plus admirable de toutes les herbes.

On attribuait à cette graine la vertu de dissoudre les pierres des reins et de la vessie, et, comme souvent, cette confiance provenait peut-être de l'idée que faisait naître l'apparence de cette partie de la plante; cependant, quoique cette graine soit bannie de la matière médicale, on convient encore qu'elle est diurétique et détersive.

Insectes des Lithospermum :

COLÉOPTÈRE.

Phytœcia molybdœna. Schonh. — V. Vigne. Sur les fleurs du *L. officinale*. Muls.

HÉMIPTÈRE.

Tingis echii. Wolff. — V. Echium. Dans tous ses degrés de développement, il se nourrit du *L. arvense*. Perris.

LÉPIDOPTÈRE.

Aedia pusiella. Fab. (Lithospermella H.) — V. Echium.

DIPTERE.

Cecidomyia lithospermi. Loew. — V. Groseiller. La larve se développe dans des bourses sur les feuilles du *L. officinale*. Winn.

G. ORCANETTE. Onosma. Linn.

Calice à cinq divisions, ne dépassant pas la moitié de sa longueur. Corolle tubuleuse, à cinq lobes courts, droits.

Les Orcanettes, dont nous ne faisons plus que peu d'usage, jouissaient d'une grande importance chez les anciens, par les propriétés médicinales qui leur étaient attribuées. Leurs racines servaient de remèdes contre les inflammations, la jaunisse, les ulcères, les brûlures, les morsures des serpents et bien d'autres accidents organiques mentionnés par Pline, Dioscoride et Galien. On sait aussi que la couleur extraite des racines servait de fard aux dames romaines et grecques et peut-être à Alcibiade, dont l'une des espèces portait le nom.

Les proprietés tinctoriales des Orcanettes pourraient être moins dedaignées qu'elles ne le sont, reléguées chez les pharmaciens et les distillateurs où elles sont employées à colorer diverses substances; il faut aller chez les Kerghis et les Baskirs pour voir ces racines utilisées dans la teinture des tissus, et pour en retrouver le doux carmin sur les joues décolorées des dames tartares. Cependant nous possédons aussi ces plantes; elles fleurissent sur les coteaux du Rhône, aux environs de Lyon, dans les sites arides du midi de la France, sur les flancs des Pyrénées, où elles pourraient alimenter l'industrie plus utilement qu'elles ne le font.

Insectes des Onosma :

LEPIDOPTÈRE.

Coleophora onosmella. Brehm. — V. Tilleul. La chenille vit sur l'*O. echioidea*. Zeller.

G. HELIOTROPE. Heliotropium. Linn.

Calice tubuleux, à cinq divisions. Corolle à tube cylindrique. Gorge inappendiculée. Limbe à cinq lobes, munis d'un pli. Cinq étamines incluses, insérées au tube de la corolle. Style filiforme. Ovaire 4-loculaire.

Le phénomène qu'exprime le nom d'Héliotrope est l'un des plus remarquables que produit l'excitabilité des plantes. Les fleurs, en se tournant vers le soleil, pendant tout le cours de son évolution diurne, paraissent déterminées à ce mouvement graduel par l'excitation produite sur le tissu cellulaire par la chaleur des rayons solaires. Cette propriété, partagée avec plusieurs autres plantes, était accompagnée, dans l'opinion des anciens, d'un grand nombre de vertus médicinales ; par exemple, la décoction des feuilles remédiait aux affections bilieuses ; prise avec du vin, elle guérissait la piqure de Scorpions ; les femmes portaient les fleurs attachées au cou ou au bras pour éviter de concevoir ; quatre graines cassaient la fièvre quarte, trois la fièvre tierce ; le suc dissipait les verrues, etc., etc. Tous ces bienfaits se sont évanouis, même le dernier, quoique l'Héliotrope indigène en ait conservé le nom vulgaire d'Herbe aux Verrues, à moins qu'on n'attribue ce nom, d'après une autre opinion, à la forme de la graine.

Mais autant l'espèce européenne est-elle dépossédée des utiles propriétés qu'on lui supposait, autant la faveur publique est-elle acquise à la péruvienne, au suave, parfum qui devrait porter le nom de Joseph de Jussieu, en reconnaissance du don qu'il en a fait à l'Europe.

Insectes des Heliotropes :

LÉPIDOPTÈRE.

Pterophorus Zellerstedtii. Zell. — V. Rosier. La chenille vit sur l'*H. d'Europe*.

FAMILLE.

SOLANÉES. Solaneæ. Juss.

Péricarpe biloculaire. Placentaires polyspermés. Embryon curviligne.

Peu de familles végétales sont constituées de substances aussi énergiques que les Solanées. Un principe alcalin, narcotique, plus ou moins combiné avec une matière âcre et une autre amère, donne à la plupart de ces plantes des propriétés très-puissantes, soit délétères, soit médicinales, qui leur font remplir un rôle important dans le règne végétal. Il suffit de nommer la *Stramoine*, la *Jusquiame*, la *Douce-amère*, la *Belladone*, pour montrer à la fois combien nous devons nous mettre en garde contre elles, et combien elles apportent de ressources précieuses à la médecine. Quelquefois une substance particulière vient modifier ces propriétés et le *Tabac* se présente avec les qualités dont le monde entier fait ses delices. D'autrefois un mucilage abondant, joint à un suc acide, neutralise le principe âcre et narcotique, et rend alimentaires diverses parties de ces plantes, telles que la *Tomate*, l'*Aubergine*, l'*Alkekenge*, le *Piment* et surtout la *Pomme de terre*, ce don signalé de la Providence pour suppléer à l'insuffisance des céréales dans l'alimentation des populations toujours croissantes. Enfin la *Mandragore*, douée de la plus grande énergie propre aux Solanées, a été longtemps investie d'une puissance mystérieuse, par le charlatanisme et la crédulité.

G. NICOTIANE. Nicotiana. Tourn.

Calice à cinq divisions. Corolle régulière. Limbe à cinq lobes et cinq plis. Cinq étamines incluses, insérées au tube de la corolle. Style filiforme. Ovaire biloculaire.

Comme tant d'autres grands effets qui sont produits par de petites causes, c'est aux insectes que le tabac doit l'origine de ses importantes destinées ; c'est le besoin d'eloigner les Mosquites de leurs huttes qui détermina les Caraïbes de Tabasco à employer pour cet usage la fumée pénétrante de cette plante, en la réduisant en cendres ; ils se servaient, à cet effet, de calumets, qui devinrent plus tard des symboles de paix présentés aux compagnons de Christophe-Colomb. Ainsi connu et peu après introduit en Europe, le tabac dut y subir une épreuve mémorable sur ses qualités. Il fut l'objet d'une lutte longue et acharnée à laquelle prirent part non seulement les médecins, mais les souverains et les grands de cette époque. Tandis que Catherine de Médicis le recevait comme un bienfait des mains de Nicot, son ambassadeur en Portugal, et que les courtisans lui donnaient le nom d'*Herbe à la Reine*, Jacques Ier écrivait son éloquent pamphlet *Miso capnos*, *Haine à la fumée*, pour en détourner ses sujets; Amurath IV faisait couper le nez aux malheureux qui en faisaient usage; Urbain VIII excommuniait ceux qui se le permettaient dans les églises. Mais, malgré tous les funestes accidents causés par l'usage du tabac, les empoisonnements fréquents, la mort violente du poète Santeuil, la victoire resta à la plante, dont l'emploi ne tarda pas à pénétrer dans toutes les parties du globe, et il est devenu si considérable, que le fisc, en France seulement, en retire 80 millions par an.

Les antagonistes du Tabac doivent cependant convenir que s'il produit des effets désastreux, il procure aussi des jouissances. Soit qu'on le fume, le prise ou le mâche, il est un stimulant, il cause une excitation agréable qui accroît la vitalité, donne plus de force au corps, d'activité à l'esprit, d'énergie à l'âme; il charme l'ennui, fait illusion à l'oisiveté, dissipe les soucis, amortit la douleur; il fait supporter la rudesse des travaux, la rigueur de l'esclavage, les atteintes du malheur; il est donc utile à peu près a tout le monde, et il y aurait de la cruauté à en priver le genre humain dont il corrige réellement la triste condition.

Mais, d'un autre côté, le Tabac nuit à la civilisation en éloignant les hommes de la société des femmes, en faisant déserter le salon pour la tabagie, et produisant ainsi la licence du langage, ternissant la délicatesse des sentiments, détruisant les heureux effets réciproques qui résultent des rapports sociaux des sexes entre eux.

Espérons que ceux pour qui l'usage du tabac n'est qu'une mode plus ou moins nouvelle, l'abandonneront, comme ils font de toutes les modes, et le laisseront à ceux qui y trouvent un allégement au fardeau de leur existence.

Insectes des Nicotianes.

COLÉOPTÈRES.

Cryptophagus cellaris. Fab. — V. Champignons. Cette espèce et quelques autres vivent dans le Tabac sec

LEPIDOPTÈRES.

Pieris brassicæ. Linn. — V. Chou. La chenille attaque quelquefois le tabac.

Sphynx atropos. Linn. - V. Solanum. En 1853, dans une partie de l'Allemagne, les chenilles se sont exclusivement portées sur les feuilles du tabac, et elles ont detruit un grand nombre de pieds de cette plante. On peut présumer que la culture de la pomme de terre étant fort réduite par l'effet de la maladie qui affecte ce Solanum, ces chenilles, faute de leur plante nourricière, ont trouvé dans la Nicotiane une succédanée qui d'ailleurs appartient à la même famille.

Plusia gamma. Linn. — V. Lonicère.

Caradrina lenta. Linn. — V. Vipérine.

G. JUSQUIAME. Hyoscyamus. Linn.

Calice tubuleux, arcéolé, à cinq divisions inégales. Corolle plissee, infundibuliforme, à cinq lobes inégaux; tube court. Cinq étamines déclinées, insérées au fond de la corolle. Style filiforme.

La Jusquiame est au nombre de ces plantes dont les propriétés énergiques rendent la santé ou donnent la mort, suivant l'usage qu'on en fait, et qui commandent une grande circonspection. La nature nous la rend suspecte en la faisant croître dans les lieux incultes et au milieu des ruines; son feuillage est livide, couvert d'un duvet glutineux; ses fleurs ont une couleur sombre; une odeur repoussante s'exhale de toutes les parties de la plante, tout inspire la defiance; et, en effet, l'imprudence produit de funestes effets : le vertige, le spasme, les mouvements convulsifs, le désordre mental, l'œil hagard, le délire furieux, en un mot, ce qui arriva à la communauté entière de Rhinow, lorsque le cuisinier lui servit en salade de la Jusquiame pour de la Chicorée.

Mais autant cette plante est vénéneuse quand l'imprévoyance ou la perfidie en fait usage, autant elle est salutaire quand la science et la circonspection la mettent en œuvre. Elle est employée contre les convulsions, les palpitations du cœur, la goutte, le rhumatisme, etc. Les anciens en faisaient un grand usage contre les inflammations des yeux, le rhumatisme, les fluxions et un grand nombre d'autres affections; mais ils en connaissaient aussi les qualités délétères et surtout les effets sur le cerveau. Le nom latin de la Jusquiame, *Altercum*, fait allusion à la disposition querelleuse que donnait cette plante prise en boisson. Celui de *Disturbio*, sous lequel elle était connue des montagnards, exprimait le trouble des sens et de l'esprit, qu'elle causait. Celui d'*Apollinaris herba*, paraît exprimer la verve poétique dont elle donnait les apparences: enfin le nom grec ὑοσκυαμος signifie *Fève de Porc*, parce que, dit Ælien, les Sangliers qui en mangent, tombent en paralysie et en spasme. Le vieux nom vulgaire français, *Hannebane*, dérive de l'anglais *Henbane*, *Poison des Poules*.

Il est assez remarquable que la Jusquiame, tenant lieu de l'opium en Europe, comme médicament, le remplace aussi comme substance enivrante dans la partie tropicale de l'Asie, sous le nom de *Benge*. Au moins est-ce une espèce de Jusquiame qui est la base de cette préparation.

Insectes de la Jusquiame.

COLÉOPTÈRE.

Psylliodes hyoscyami. Fab. — V. Chou.

HÉMIPTÈRE.

Lygœus hyoscyami. Fab.? — V. Rosier.

DIPTÈRES.

Pegomyia hyoscyami. Meig. La larve de cette Anthomyzide, mine les feuilles de la Jusquiame.

Tephritis hyoscyami. Linn — V. Berberis.

G. SOLANUM. Solanum. Linn.

Calice persistant, à cinq divisions. Corolle rotacée, plissée, à cinq lobes. Cinq étamines insérées à la gorge de la corolle. Style filiforme. Ovaire biloculaire.

Ce genre a de l'importance par le nombre des espèces qui le composent; il en a plus encore par l'utilité que nous retirons de plusieurs d'entre elles Le principe delétère et narcotique, propre à la famille. est presqu'entièrement neutralisé par le suc amer et par le mucilage qui y domine généralement. La *Douce-amère* se recommande par ses propriétés sudorifiques et dépuratives; la *Morelle* fournit dans ses feuilles un aliment agréable et rafraîchissant, surtout aux Antilles et aux Iles de France et de Bourbon; la *Tomate*, dont la pulpe, légèrement acide, flatte notre goût par sa saveur délicate, fournit à nos mets le condiment le plus agréable; l'*Aubergine*, fade, aqueuse, peu goûtée dans le nord, est l'objet d'une grande consommation dans les contrées méridionales. Mais ces espèces utiles, que sont-elles près de la *Pomme de terre*, de ce tubercule précieux qui ne cède qu'au Blé la supériorité dans l'alimentation de l'homme, qui, réunissant toutes les conditions de salubrité, présente une nourriture douce, substantielle, facile à digérer, également favorable à presque tous les tempéraments.

Malgré tant d avantages, il ne fallut pas moins de deux siècles avant que la Pomme de terre, apportée en 1550 du Pérou en Espagne, vainquît les obstacles qu'elle rencontra, les préventions, les calomnies dont elle fut l'objet; pût se faire jour et entrer enfin dans la grande culture, pour remplir sa belle destinée. Grâce aux travaux, au zèle, à la persévérance de Parmentier et au patronage de Louis XVI, qui mit à sa disposition cinquante arpents de la plaine des Sablons, et porta à sa boutonnière des fleurs de Pomme de terre.

Nous voyons cependant cette gloire obscurcie. Depuis dix ans, une maladie intense sévit contre cette plante ; elle a été le sujet des études, des expériences, des analyses les plus approfondies, dans un temps où toutes les sciences prêtent leurs secours à l'agriculture ; et tout ce concours n'a pu découvrir ni la cause, ni le remède du mal. Le temps semble seul pouvoir le faire cesser, et, cette année même, 1855, accroît cette espérance.

Insectes des Solanum.

COLEOPTÈRES.

Nitidula dulcamaræ. Ill. — V. Hêtre.

Cionus solani. Fab. — V. Orme.

Blaniolus guttulatus. Guér. — Suivant M. Guérin, cet insecte se trouve souvent dans les Pommes de terre gâtées.

LÉPIDOPTÈRES.

Acherontia atropos. Linn. — La chenille de cette Sphingide est lisse, à tête plate et ovale, et comme contournée sur le onzième segment. Elle s'enfonce profondément dans la terre sans former de cocon.

Dejopeia pulchra. Esp. — V. Myosotis. La chenille vit sur le *S. tuberosum*.

Tryphæna fimbria Linn (Solani. Fab.) — V. Hêtre.

DIPTÈRE.

Agromyza Solani. Macq. — V. Avoine. Nous rapportons à ce genre une larve qui mine les feuilles de la Pomme de terre.

G. ATROPA. ATROPA. Linn.

Calice campanulé, à cinq divisions. Corolle campanulée, plissée, à cinq lobes. Cinq étamines, insérées au fond de la corolle. Style filiforme, décliné.

Les noms d'*Atropa belladonna* présentent un contraste tel, qu'ils piquent la curiosité pour en connaître l'origine. Comment le nom de la plus implacable des Parques a-t-il été emprunté pour accompagner celui de la beauté dans ce qu'elle a de plus attrayant? Les Italiennes ont appelé *Belladonna* une plante dont les feuilles leur fournissent un cosmétique, et les baies un fard qui relèvent leurs charmes naturels. Linnée chargea Atropos de faire allusion aux mortels poisons que recèle la même plante. Les nombreux empoisonnements qui en sont provenus composent une histoire sinistre dont nous ne rappellerons que deux traits : De malheureux enfants orphelins, élevés, en 1793, à l'hospice de la Pitie, à Paris,[1] ayant été employés à sarcler les plantes médicinales, y trouvèrent un grand nombre de Belladonnes dont les baies étaient sucrées, et ils les mangèrent. Quatorze en moururent en quelques heures. Suivant Buchanan, dans son histoire d'Ecosse, les Danois ayant envahi ce pays, les habitants mêlèrent du suc des fruits de Belladonne, à la boisson de leurs ennemis. Ceux ci tombèrent dans un sommeil lethargique pendant lequel ils furent massacrés.

Du reste, comme il n'y a pas de poison qui ne soit susceptible d'être converti en remède salutaire, l'usage de la Belladonne, comme plante narcotique, calme les affections du système nerveux. Il a été egalement recommandé contre un grand nombre d'autres maux, mais reconnu rarement efficace.

Insectes des Atropa.

HYMÉNOPTÈRE.

Tenthredo intercus. Linn. — V. Groseiller. La larve vit dans les feuilles. Br.

LEPIDOPTÈRE.

Noctua Baja. Linn. — V. Polygonum.

FAMILLE.

CONVOLVULACÉES. CONVOLVULACEÆ. Vent.

Ovaires solitaires ou géminés, dressés. Embryon curviligne; cotyledons chiffonnes.

G. CONVOLVULUS. Convolvulus. Linn.

Calice persistant, à cinq divisions. Corolle cyathiforme, plissée, à cinq lobes Cinq étamines insérées au fond de la corolle. Style indivise. Ovaire 2 à 4-loculaire.

Cette famille, quoique peu nombreuse, nous offre de l'intérêt sous plusieurs rapports et semble se multiplier par ses bienfaits. Elle contribue puissamment à l'alimentation du genre humain, dans les contrees tropicales, par la *Patate*, dont les tubercules, émules de la Pomme de terre, offrent également une nourriture saine et agréable, et qui, peut-être un jour, viendra enrichir notre agriculture d'une nouvelle ressource contre de malheureuses éventualités.

Cette famille présente aussi de précieuses propriétés excitantes, purgatives, vulnéraires, que le *Jalap*, la *Scammonée*, etc., recèlent dans leurs sucs laiteux et leurs racines.

La beauté est encore une des qualités qui recommandent les Convolvulus. Nous ne voyons jamais sans plaisir la fleur d'un blanc si pur du *Liseron Liane* de nos buissons et de nos haies. Dans nos jardins, les *Volubilis*, les *Ipomea*, les *Calystegia doubles*, les *Belles de jour* nous charment par les vives nuances de leurs cloches élégantes.

Enfin, cette famille comprend un groupe fort singulier : les *Cuscutes*, plantes sans feuilles, dont la racine terrestre, après avoir produit une tige capillaire, meurt bientôt, et est remplacée par des racines aériennes qui s'enfoncent dans les ecorces de diverses plantes dont elles tirent les sucs à l'instar de celles du Gui. Telles sont les *Suce-Thym*, l'*Angure du Lin*, la *Teigne* vulgaire, des prés, la *Barbe du raisin* et beaucoup d'autres qui vivent en parasites, s'enroulant autour de leurs plantes nourricières.

Insectes des Convolvulus :

COLÉOPTÈRES,

Acmœodera pilosellæ. Bonnet. — V. Piloselle.

Cassida ferruginea, Fab. — V. Peuplier. Sur le *C. arvensis* Suff.

Cassida nebulosa. L. — Ibid. Ibid. Suff.

HÉMIPTÈRE.

Physapus atratus. Halyd.

LÉPIDOPTÈRES.

Sphynx convolvuli. L. — V. Sureau.

Deilephila elpenor, L. — V. Vigne.

Pterophorus didactylus. L. — V. Rosier. La chenille vit sur le *C. arvensis*. Br.

Pterophorus plerodactylus. L. — Ibid. Ibid. Br.

CLASSE.

LABIATIFLORES. LABIATIFLORÆ. *Bartl.*

Fleurs irrégulières. Calice inadhérent. Corolle presque toujours bilabiée. Etamines, tantôt quatre didynames, tantôt deux isomètres, rarement cinq anisomètres. Ovaires deux ou quatre, libres ou connés. Embryon rectiligne.

Cette classe considérable, composée de nombreuses familles (1) se rapproche fort de celle des Tubiflores; elle semble même en être une simple modification, moins le calice et la corolle, réguliers, à cinq divisions, et les cinq étamines égales, qui caractérisent cette dernière classe. Dans les Labiatiflores, le calice et la corollé perdent leur régularité et deviennent bilabiés par une cause que nous avons expliquée dans les généralités des Monocotylédones.

Parmi les familles dont se compose cette classe, deux surtout se distinguent par la multitude de leurs membres et particulièrement par leurs propriétés médicinales : les Labiées et les Scrophu-

(1) Les Bignoniacées, les Acanthacées, les Labiées, les Verbénacéee, les Sélaginées, les Myoporinées, les Sésamées, les Gessnériées, les Orobanchées, les Scrophulariées, les Lentibulariées.

lariées. La première surtout nous prodigue les secours les plus salutaires, grâce aux principes amers et à l'huile essentielle que ces plantes recèlent avec des modifications infinies.

Une autre famille comprend le Sésame, cette plante orientale, à la fois si vulgaire et si poétique, que l'on retrouve dans les barils d'huile et dans les Mille-et-une Nuits.

Dans les arbres et arbrisseaux d'Europe, nous avons mentionné deux arbres appartenant à cette classe : le *Catalpa* et le *Paulownia.*

FAMILLE.

ACANTHACÉES. Acanthaceæ. R. Brown.

Péricarpe biloculaire. Placentaires centraux. Périsperme nul.

G. ACANTHE. Acanthus. Tourn.

Calice à quatre sépales bisériées, imbriquées. Corolle unilabiée, cartilagineuse jusqu'au delà du milieu ; tube très court, à bord supérieur tronqué ; lèvre déclinée. Quatre étamines insérées peu au-dessus de la base de la corolle ; filets larges. Style filiforme. Ovaire biloculaire.

Les Acanthacées, plantes généralement équatoriales, ne sont représentées en Europe que par le *G. Acanthe,* dont deux espèces sont connues depuis longtemps par leurs propriétés émollientes, mais bien plus encore par la forme noble et grâcieuse de leurs feuilles radicales, qui leur a valu l'honneur d'orner le chapiteau du plus bel ordre d'architecture. Suivant une opinion respectable, celle du père Vilçolpende, le chapiteau corinthien couronnait les colonnes du temple de Salomon. Une opinion plus accréditée lui donne une origine grecque et l'attribue à l'architecte Callimaque. Une jeune fille de Corinthe étant morte peu de jours avant son mariage, sa nourrice désolée, mit dans un panier divers objets que cette jeune fille avait aimés, le plaça près de son tombeau, sur un pied d'Acanthe, et le couvrit d'une large tuile pour préserver ce qu'il contenait. Au printemps suivant, l'Acanthe poussa; ses larges feuilles entourèrent le panier ; mais, arrêtées par les rebords de la tuile, elles se recourbèrent et s'arrondirent en volute vers leur extrémité. Près de là passa Callimaque : il admira cette décoration champêtre, et résolut d'ajouter à la colonne corinthienne la belle forme que le hasard lui offrait. (R. R. Castel)

De l'architecture cette forme élégante passa dans les autres productions de l'art. Dans une de ses délicieuses églogues, Virgile dit :

Et nobis idem Alcimedon duo pocula fecit,
Et molli circum est ansas amplexus Acantho.

(Egl. 3.e)

Et dans l'Enéïde, en parlant de la robe d'Hélène, il dit :

Et circumtextum croceo velamen Achanto,

(1653.)

Tout ce qui précède a rapport au *Mol Acanthe*, notre *Brune-ursine*, ainsi nommée de la forme des feuilles, semblables à celle des pieds antérieurs de l'Ours.

La seconde espèce, l'*Acanthe épineux*, dont les feuilles sont bordées de pointes, a été adoptée par les architectes du moyen-âge et se retrouve dans les chapiteaux de plusieurs cathédrales, et particulièrement de Notre Dame de Paris.

Insectes des Acanthes :

COLÉOPTÈRE.

Larinus acanthi. Illig. — La larve de ce Curculionite vit sur l'*Acanthus mollis*.

LÉPIDOPTÈRE.

Enolmis achantella. God. — V. Lichen.

FAMILLE.

LABIÉES. LABIATÆ. Juss.

Corolle labiée. Etamines didynames. Quatre ovaires, avec un seul style bifide à son sommet.

Parmi les familles végétales, il en est peu d'aussi naturelles que celle des Labiées, et elle le doit surtout aux phénomènes physiologiques qui semblent s'être opérés en elle, et en avoir modifié profondément le type originel. Les cinq divisions de la corolle monopétale qui devaient représenter les cinq pétales des fleurs polypétales, ne se retrouvent que dans les cinq lobes, souvent rudimentaires, des deux lèvres qui la composent et qui la rendent méconnaissable. D'un autre côté, les cinq étamines qui devaient accompagner alternativement les divisions de la corolle ont subi une loi analogue : l'une d'elles est avortée, il en reste seulement un faible vestige. Quelquefois (1) les quatre autres sont disposées par paires : deux supérieures (2) courtes, et disparaissant parfois ; deux inférieures allongées.

Ces caractères, que l'on croirait accidentels, tant ils sont anormaux, semblent devoir n'appartenir qu'à une famille bornée et servant de transition entre deux grandes classes ; et cependant, les Labiées forment un groupe très-nombreux, très-compact, mais dont l'unité est très-diversifiée par de légères modifications.

Outre les caractères essentiels que nous avons mentionnés, les Labiées se reconnaissent encore à leurs tiges carrées, à leurs feuilles opposées ou verticillées, et surtout aux glandes de ces dernières, contenant une huile essentielle à laquelle ces plantes doivent l'odeur aromatique qui les distingue et nous charme souvent. Il faut y joindre la présence du principe gommo-résineux, plus ou moins amer, qui réside dans le suc des Labiées, et dont la combinaison très-diverse avec l'huile essentielle, leur donne les propriétés précieuses qui soulagent nos souffrances. Enfin, cette complication s'accroît encore souvent par l'adjonction de plusieurs substances qui se décèlent par leur odeur, telles que le Camphe, le Musc, le Citron, l'Ail ; et qui modifient ces propriétés ou qui en déterminent de nouvelles.

C'est ainsi que les Labiées, considérées dans leur ensemble, sont une panacée que la Providence a suscitée pour combattre

---

(1) Ce vestige correspond à la nervure médiane de la lèvre supérieure.

(2) Les Sauges.

tous nos maux. Elles sont généralement toniques, par l'effet de leur huile essentielle. La *Sauge*, par la présence du Camphre, est éminemment stimulante ; la *Mélisse*, à l'odeur de citron, ranime l'esprit vital, dissipe la mélancolie ; le *Marrube*, plus ou moins musqué, active la transpiration, stimule le système nerveux ; le *Scordium*, dont l'odeur d'ail révèle la présence de l'huile essentielle sulfurée, est fébrifuge, sudorifique ; la *Ballote fétide* est vermifuge ; l'*Yvette résineuse* est antispasmodique.

Toutes ces propriétés, dont les hommes ressentent les bienfaits depuis les premiers âges du monde, ont valu aux Labiées une faveur qui ne s'est jamais démentie. Les Grecs et les Romains les reconnaissaient, les utilisaient, leur donnaient une importance quelquefois exagérée ; les poètes chantaient ces plantes, les introduisaient dans la mythologie :

Hic Venus indigno nati concussa dolore
Dictamum (1) genitrix cretœâ carpit ab Idâ,
Puberibus caulem foliis et flore comantem
Purpureo ; non illa feris incognita capris
Gramina, quùm tergo volucres hœsere sagittæ.

(Vénus, affligée des souffrances de son fils Enée, va cueillir en Crête, sur le sommet de l'Ida, le Dictame, dont la tige, aux feuilles velues, se couronne d'une touffe de fleurs purpurines, herbe bien connue de la chèvre sauvage, qui la broute, lorsqu'une flèche rapide est venue se fixer dans son flanc.)

Nous citons comme une particularité littéraire les beaux vers latins du poète anglais Cowley, sur la Mélisse.

Ite procul, curæ, nimium mihi turba sodalis,
Ite, venit vati lœta melissa suo.
Lœta venit sertisque volens me cingit odoris ;
Me cane, ait ; merces ipsa canentis ero.
Jamdudum insolito juvenescunt corda sereno :
Agnosco afflatum, nobilis herba, tuum.

(Plant.)

(Fuyez, soucis qui troublez ma solitude. Fuyez ! l'aimable Mélisse vient trouver on poète ; elle s'avance gaîment et couronne ma tête de ses rameaux parfumés. Chante-moi, me dit-elle ; je serai ta récompense. Plante céleste, je reconnais ton souffle vivifiant ; il porte dans mon cœur la joie et la sérénité.)

---

(1) C'est l'Origan de Crête.

Aux propriétés bienfaisantes qui ont placé les Labiées dans un rang si élevé parmi les plantes, il faut ajouter le charme que la plupart d'elles répandent sur les lieux qu'elles habitent, soit par les parfums qu'elles exhalent, soit par l'élégance de leur port ou par la disposition de leurs fleurs. Chaque site paraît avoir ses espèces propres. Ainsi la *Menthe* se plait au bord des eaux, le *Glichome* sous les ombrages, le *Marrube* dans les ruines, le *Romarin* aux environs de la mer, la *Germandrée* dans les sites rocailleux, la *Scutellaire* dans les marécages tourbeux, le *Serpolet* dans les pelouses desséchées; il fleurit sous la dent qui le broute. L'*Hyssope,* le plus humble des arbustes, se contente souvent de la fente d'un mur, d'un rocher. Il eut chez les Hébreux la gloire de servir pour les purifications religieuses, figure de la purification chrétienne : « *Asperges me Hyssopo et mundabor.* »

Parmi les avantages que nous retirons des Labiées, nous ne saurions omettre l'effet qu'elles produisent sur le miel des abeilles qui y vont butiner. Nous devons au *Thym*, au *Serpolet*, à la *Mélisse,* la qualité supérieure du miel de Narbonne, de Perpignan, comme les Athéniens leur devaient celui du mont Hymète.

Virgile veut qu'il y ait autour de la ruche un ruisseau fuyant à travers la prairie, un Olivier sauvage, de la *Lavande,* du *Serpolet* et du *Thym :*

> Hæc circum casiæ virides, et olentia late
> Serpylla, et graviter spirantis copia Thymbræ
> Floreat. (Géorgiques.)

G. LAVANDE. Lavandula. Linn.

Calice tubuleux, à cinq dents; la supérieure appendiculée au sommet. Corolle à tube évasé au sommet; lèvre supérieure voûtée, bilobée, redressée; inférieure à trois lobes égaux. Étamines déclinées, incluses; les deux inférieures plus longues. Filets libres.

La Lavande est l'une des plantes destinées par la nature à charmer de leur végétation l'aridité des sites les plus incultes de l'Europe méridionale. Sans sortir de France, les landes de la Provence et du Languedoc, les coteaux desséchés de Narbonne, les flancs du mont Ventoux, les insterstices des rochers de Vau cluse, sont parés et parfumés des jolies fleurs bleues de ce petit arbuste. Les propriétés aromatiques propres aux Labiées se modifient dans la Lavande par l'adjonction prononcée du Camphre combiné avec l'huile essentielle, et il en résulte les qualités stimulantes qui ont valu tant de faveur à cette plante chez les anciens et les modernes.

La disposition en épi (spica) des fleurs a donné lieu au nom vulgaire *Spic*, travesti en celui d'*Aspic*, de cette plante, dans nos provinces méridionales. Celui de *Lavande* comme de *Lavandula*, fait allusion à l'usage auquel on l'emploie dans les ablutions et comme cosmétique. Cependant, d'après une autre opinion, il dérive du mot grec *Labentida*, employé par Hesychius en parlant de l'Iphion de Théophraste.

Insectes des Lavandes :

COLÉOPTÈRES.

Cyrtonus Dufourii.—M. Lareynie, qui a découvert et nommé ce Brachélytre, le soupçonne de vivre aux dépens de la *Lavandula Spica*, l'ayant trouvé de préférence aux pieds de cette plante. Gour.

Chrysomela americana. Linn. — V. Saule. Elle vit sur la Lavande. Suff.

LÉPIDOPTÈRES.

Thecta spini. Fab. — V. Marronier. Elle est si commune dans les Basses-Alpes qu'elle couvre quelquefois les touffes de *Lavande* et de *Serpolet*. Bellier de la Chav.

Lycœna rippertii. B. D — V. Baguenaudier. Il vit en famille sur les *Lavandes* fleuries, Basses-Alpes. Bellier de la Chav.

Zygœna lavandulæ. Fab. — V. Cytise. La chenille vit sur la *Lavande*.

Zygœna stœchadis. B. — V. ibid. sur la *Lavande*.

— stœchas. Aux îles d'Hières. Freyer.

Syntomisphegea. Linn. — V. Chêne. Elle se pose souvent sur les fleurs de la *Lavande*. Bellier de la Chav.

Toxocampa lusoria. H. — V. Astragale. Il vit en famille sur les fleurs de la *Lavande*. Ibid.

Toxocampa craccæ. Fab. — Ibid.

G. MENTHE. Mentha. Linn.

Calice campanulé ou tubuleux. Corolle infundibuliforme; tube court; limbe à quatre ou cinq lobes égaux. Etamines dressées, distantes. Anthères dithèques.

Les propriétés aromatiques des Labiées ont une grande énergie dans les différentes espèces de Menthes qui ne semblent appropriées à la plupart des sites, des contrées, que pour multiplier leurs effets salutaires. Toutes sont toniques, stimulantes, échauffantes, mais la Menthe poivrée agit plus énergiquement sur le système nerveux; la Menthe crépue sur l'estomac, ce qui l'a fait nommer par le poète Martial, *Herba ructatrix*. Les anciens leur reconnaissaient encore plus de vertus que les modernes; les Grecs les nommaient *Eryosmos* qui exprime l'odeur agréable de ces plantes. Quant au nom latin, il est mythologique. Mentha, fille du Cocyte, inspira par sa beauté de l'amour à Pluton. Proserpine en ayant conçu de la jalousie enleva la nymphe et la métamorphosa en la plante qui porte son nom. Dès ce moment le roi du ténébreux empire, par un sarcasme de sa cour diabolique, fut surnommé *Amenthes, privé de Menthe*. (Voyez Oppien, dans les Halieutiques.)

Insectes des Menthes :

COLÉOPTÈRES.

Rhipiphorus flabellatus. Fab. — Ce Thrachélite se trouve sur les fleurs des *Menthes*. Ghiliani.

Rhipiphorus bimaculatus. Fab. — Ibid. Gh.

Sitaris thoracica. Dej. -- Ce Vesicant fréquente les *Lavandes* en fleurs Ghiliani.

Cassida equestris. Fab. — V. Peuplier. Elle vit sur la *M. aquatique*. Suff.

Cassida murrœa. Fab. — Ibid. sur la *M. sylvestris*. Suff.

Id. viridis. Feb. — Ibid. Br.

Haltica lythri. Aubé. — V. Vigne. Sur la *M. aquatique*. Per.

Chrysomela violacea. Panz — V. Saule. Sur les *M. nepetoides* et *aquatica*. Suff.

Chrysomela menthastri. Suff.— Ibid. Sur les *M. sylvestris*, etc.

Id. graminis. Linn. — Ibid. Sur les *Menthes*.

Id. menthæ. Schot. Germ. — Ibid.

LEPIDOPTERES.

Piéris accentifera. Ramb. — V. Chou. Il vit sur les *Menthes*.

Hesperia actœon. Esp. — V. Citronnier. Elle se pose sur la *M. frisée*. D.

Arctia menthastri. Fab. — V. Poirier.

Leucania riparia. Ramb. — V. Néflier, Aubépine. Elle vole sur les fleurs des *Menthes*.

Leucania amnicola. Ramb. — Ibid.

Id. straminea. Ramb. — Ibid.

Id. punctata. Ramb. — Ibid.

Plusia chrysitis. Linn. — V. Lonicère. Sur la *M. arvensis*.

Pyrausta purpuralis. Linn. — P. puniceslis. Schr. La chenille de cette Pyralide est fusiforme. Elle vit sur le sommet roulé des *Menthes* et forme deux générations. Bouché.

Pyrausta porphyralis. W. W. — Ibid.

Id. anguinalis. H. — Ibid.

Nola albulana. D. (Noctua albula. WW.) – La chenille de cette Platyomide est fusiforme, demi-velue. Elle s'enferme dans une coque papyracée en forme de nacelle.

DIPTÈRE.

Tephritis menthastri. Meig. — V. Berberis. Elle vit sur les *Menthes*.

A la suite des insectes des Menthes, nous consignons ceux des Lycopes, genre très-voisin.

COLÉOPTÈRES.

Centorhynchus lycopi. Fab. — V. Bruyère. La larve vit et se transforme au bas de la tige et dans les racines du *L. europœus*.

Cassida equestris. Fab. — V. Peuplier. La larve vit sur les différentes espèces de *Lycopes*.

Cassida viridis. Fab. — Ibid. Br.

G. SAUGE. SALVIA. Linn.

Calice bilabié; lèvre supérieure entière ou divisée, inférieure bifide. Gorge imberbe. Corolle tubuleuse, ringente; lèvre supérieure entière ou échancrée, voûtée ; inférieure trilobée, les deux étamines supérieures rudimentaires, stériles, insérées au tube de la corolle ; les deux inférieures ascendantes, insérées à la gorge de la corolle.

Le nom seul de la Sauge, *Salvia*, exprime ses propriétés salutaires, réunissant, par une heureuse combinaison, les qualités physiques des Labiées, une odeur aromatique agréable, une saveur amère, chaude, piquante ; elle est éminemment tonique, stimulante, astringente. Elle excite l'action des organes, relève le ton de l'estomac, accélère les contractions du cœur, augmente l'énergie nerveuse. Ces vertus ont été révélées aux hommes dès les âges les plus reculés. Orphée, suivant Ætius, les enseigna à la Thrace à son retour de l'expédition de la Toison-d'Or. Hippocrate, Théophraste, Galien, Dioscoride, les ont exaltées; puis l'école de Salerne, au douzième siècle, leur consacre dans ses aphorismes les deux vers connus :

Cur moriatur homo cui Salvia crescat in horto?
Contra vim mortis non est medicamen in hortis.

Enfin les modernes qui ratifient si rarement les jugements des anciens sur les vertus des plantes, acquiescent généralement à ceux relatifs à la Sauge.

Une des raisons qui nous font croire à la grande antiquité de la connaissance de la Sauge, c'est le nom grec de cette plante, *Elelisphacos*, qui est à peu près le même que l'arabe *Aelisfacos*.

On sait que les Chinois ont pour notre petite Sauge de Provence un goût aussi prononcé que nous en avons pour leur Thé; ils la fument et la boivent avec délices. « Quant à moi, dit le D.r Roques, je veux bien prendre de la Sauge si je suis malade, mais qu'on me permette en bonne santé de préférer au Thé de France le Thé de la Chine ou du Japon. »

Insectes des Sauges.

COLÉOPTÈRES.

Polydrusus orvalæ. Ulrich. (P. nitens Dej.) — V. Pommier. Sur la *S. Sclaræ*, en Volhynie.

Cassida equestris, Fab. — V. Peuplier. Elle vit sur la *S. pratensis*. Suff.

Dibolia femoralis. Fab. (Salviæ. Gén.) Cette Alticide vit sur les *Sauges* de la Lombardie.

Chrysomela salviæ. Dej. — V. Saule. Suff.

— graminis. Fab. — Ibid. M. Paul Lambert en a vu trois cents sur une de ces plantes.

HYMÉNOPTÈRE.

Cynips salviæ? — V. Erable. Cette espèce, de l'île de Candie, pique les tiges de la Sauge pomifère qui se couvrent de tumeurs dures, charnues, demi-transparentes comme de la gelée. On les appelle Pommes de Sauge et on les mange confites au sucre.

HÉMIPTÈRES.

Rhyparochroma salviæ. Am. — Cette Lygéide vit dans tous ses états sur la *S. verbenacea*. Perr.

Phygadicus (Lygæus) salviæ. Schelling. — Ibid. Fieber.

LEPIDOPTÈRE.

Scadionia conspersaria. W. W. Elle vit sur la *S. pratensis*. La chenille de cette Phalénide est lisse, à tête ronde et petite, et tubercule en forme d'épine sur le onzième segment. Elle s'enterre avant de se transformer.

G. ORIGAN. ORIGANUM. Tourn.

Calice à cinq divisions, ovale, tubuleux; gorge barbue; les deux dents inférieures plus courtes. Corolle à tube non saillant, cylindrique, imberbe en dedans; lèvre supérieure droite, échancrée, plane; inférieure déclinée, à trois lobes presqu'égaux. Antennes saillantes, distantes; les deux supérieures un peu plus courtes. Style filiforme.

L'Origan, proprement dit, présente avec intensité les propriétés aromatiques des Labiées, mais il excite particulièrement le système nerveux, ainsi que la plupart des appareils de la vie organique. Il est employé en bains, en fumigations, en lotions: on le substitue au Thé, en boisson, au Thym, en assaisonnement.

Son nom, tiré du grec, signifie *Plaisir des Montagnes* et fait allusion aux sites où nous aimons à découvrir ses jolies fleurs violettes.

L'*Origan Marjolaine*, originaire de Palestine, plaît surtout par l'odeur qu'il exhale; il exerce une action salutaire sur tout le canal alimentaire et il entre comme condiment dans un grand nombre de préparations culinaires.

L'étymologie de la *Marjolaine* reste incertaine entre plusieurs opinions rapportées par Ménage : la plus naturelle est de dériver ce nom de *Major, Majora, Majorena,* dont on a pu faire *Mario-*

lana et *Marjolaine*. Dodonée le tire du nom grec *Maron*, *Marum* en latin, vieux nom français de la Marjolaine. Suivant Saumaise, ce nom vient de *Marzangiana* dérivé de *Marzangius*, nom arabe de la Marjolaine. L'opinion la plus accréditée le dérive de *Amaracus*, *Maracus*, *Marauclus*, *Maraculana*, *Margulana*, *Majolana*.

C'est d'après cette opinion que l'on rapporte à la Marjolaine tout ce que la poésie latine dit de l'*Amaracus*, tels que ces vers de Catulle :

Cinge tempora floribus
Suave olentis Amaraci.
In Nuptias Juliæ.

Ceux de Virgile dans l'*Enéïde* :

At Venus Ascanio placidum per membra vaporem
Irrigat, et fotum gremio Dea tollit in altos
Idaliæ lucas, ubi mollis *Amaracus* illum
Floribus et dulci adspirans complectitur umbra.

« Elle verse un doux sommeil dans les membres d'Ascagne, puis l'emporte sur son sein et le dépose endormi dans les bosquets d'Idalie, où la tendre Marjolaine l'enveloppe de son ombre et de ses parfums. »

Insectes des Origans.

COLÉOPTÈRE.

Oxycarenus origani. Kolenati. — Sur le Caucase, il vit sur l'*O. vulgare*. Fieber.

HÉMIPTÈRE.

Cimex noriopterus. Linn. — V. Tilleul. Il vit dans la Carniole sur l'*O. vulgare*.

G. MÉLISSE. Melissa. Linn.

Calice tricaréné en dessus; gorge poilue; lèvre supérieure ascendante, tridenticulée; inférieure 2-partie. Corolle à tube infundibuliforme, ascendant, imberbe; lèvre supérieure, droite, horizontale; inférieure trifide. Etamines ascendantes, conniventes par paire, au sommet. Filets filiformes.

Plus encore que le Thym et le Serpolet, la Mélisse se rattache aux Abeilles ; celles-ci la recherchent tellement pour en composer leur miel, qu'elles lui ont donné leur nom, ainsi que ceux de *Melissophyllon*, en grec; d'*Apiastrum*, en latin; de *Piment des Abeilles*, en français ; de *Bienenkrout*, en allemand. Elles sont si bien attirées par l'odeur de cette plante, que Virgile, dans ses *Géorgiques*, conseille d'en broyer des feuilles et de les répandre dans le lieu où l'on veut arrêter un essaim.

..... Hùc tu jussos asperge sapores
Trita Melisphylla.

La Mélisse se distingue entre les Labiées par son odeur, semblable à celle du Citron, qui lui a fait donner les noms vulgaires de *Citronelle*, d'*Herbe de Citron*, de *Mélisse citronée*, de *Citronade*. Elle présente aussi un caractère distinct dans les propriétés physiques; elle dissipe la mélancolie, ramène la sérénité de l'esprit, la gaîté, le plaisir. C'est cette charmante qualité, hélas trop fugitive, que l'art a prétendu fixer dans des essences, des eaux diverses, et particulièrement dans l'eau des Carmes qui est au moins un énergique stimulant.

Insectes des Mélisses.

COLÉOPTÈRES.

Cassida equestris. Fab. — V. Peuplier. Elle vit sur la *M. Officinalis*. Suff.

Cassida viridis. Fab. — V. Ibid., ibid.

HYMÉNOPTÈRE.

Apis mellifica. Linn.

G. THYM. Thymus. Tourn.

Calice un peu gibbeux à la base, bilabié; gorge barbue; lèvre supérieure recourbée, tri-dentée; inférieure bifide, à segments subulés. Corolle à tube cylindrique, imberbe; lèvre supérieure horizontale, rectiligne; inférieure défléchie, à trois lobes presqu'égaux. Etamines distantes, didynames. Style aussi long que les étamines.

Inépuisables dans les combinaisons providentielles de leurs propriétés salutaires, les Labiées semblent vouloir égaler par leur nombre celui des altérations de nos organes. A toutes les espèces précédentes combien devons-nous en ajouter d'autres ! Maintenant nous signalons le *Thym* et le *Serpolet*, dont les qualités aromatiques présentent de nouvelles modifications : le Thym favorise l'expectoration, excite les exhalations pulmonaires ; il augmente l'action de l'estomac ; il donne plus d'énergie à l'influence nerveuse. Employé en bains, en lotions, en fumigations, il a une puissance tonique remarquable. Le Serpolet jouit particulièrement d'une propriété céphalique et antispasmodique. L'un et l'autre sont assez connus par leurs usages économiques et culinaires.

Chez les Grecs, le Serpolet était mis au rang des parfums. Cratinus dit dans ses *Onanistes* : « J'ai la tête couronnée de toutes sortes de fleurs, de Roses, de Lis, de Violettes, de Menthe sauvage, de Serpolet. » Les Anciens avaient au reste des parfums pour chaque partie du corps humain, comme on le voit par ce passage des *Thoriciens* : « Elle se lave vraiment? — Comment cela? — Les mains et les pieds dans un bassin plaqué en or avec du parfum d'Egypte ; pour ses joues et son sein, elle en prend de Phénicie ; pour ses bras, de Menthe crépue : pour ses sourcils et ses yeux, de Marjolaine ; pour ses genoux et son cou, de Serpolet. »

De nos jours, le Serpolet ne parfume plus que la chair des Moutons, des Lapins et le Miel, par l'avidité avec laquelle les Abeilles en recueillent les sucs comme ceux du Thym.

Servet opus redolentque Thymo
fragrantia mella.
(Virg. *Georg.*)

Insectes des Thyms.

COLÉOPTÈRES.

Apion atomarium. Kirby. — V. Tamarisc. Il vit sur le *T. Serpolet*. Walton.

Cleonus obliquus. Fab. —V. Bruyère. Sur le *T. officinal.* Jacquel.

HYMÉNOPTÈRE.

Apis mellifica. Linn. — Elle butine de préférence sur les fleurs du *Thym* et du *Serpolet.*

HÉMIPTÈRES.

Heterogaster thymi. Schilling (Lygæus thymi. Wolff.) — Cette Lygœïde vit sur le *Thym.*

Oxycarenus interruptus. Fischer. — Cette Lygœïde se trouve en Bohême sur le *Thym.*

LÉPIDOPTÈRES.

Zygæna Minos. W. W. — V. Cytise. La chenille vit sur le *T. serpolet.*

Zygæna heringi. Zell. — Ibid , ibid.

Syntomis phegea. Linn. — V. Chêne. Il se pose souvent sur les fleurs du *Thym.*

Nanophyis flavidus. Fabr. — V. Tamarisc. M. Aubé croit que la chenille vit sur le *T. serpolet.*

Psyche plumifera. O — V. Graminées. La chenille vit sur le *T. serpolet.*

Orthosia serpylli H. — V. Houx. Sur le *T. serpolet.* Guénée.

— ruticilla. Esp. — V. Ibid.

Chlorochroma aestivaria. Esp. (Thymiaria. W. W.) — V. Jasmin. Sur le *T. serpolet.* Br.

Geometra papilionaria. Linn. — V. Berberis. Ibid.

Pterophorus tetradactylus. Linn. — V. Rosier. La chenille vit sur le *T. serpolet.*

DIPTÈRES.

Cecidomia thymi. Macq. — V. Groseiller. Elle pique les bourgeons terminaux du Thym vulgaire, et il s'y développe une gale en forme de très-petits artichauds velus et feutrés , dans lesquels vivent les larves.

Usia pusilla. Meig. — Ce Bombylier se trouve sur le *Thym*.

G. CLINOPODE. CLINOPODIUM. Linn.

Calice cylindrique, bilabié ; lèvre supérieure à trois lobes ; inférieure à deux. Corolle à tube plus long que le calice, insensiblement dilaté ; lèvre supérieure droite, échancrée ; inférieure trifide ; division intermédiaire plus grande, échancrée. Etamines ascendantes.

Assez près de la Mélisse vient se ranger le Clinopode, auquel les anciens ont donné ce nom, motivé par la disposition de ses fleurs en verticilles entassés et arrondis, imitant un *pied de lit*. Dioscoride lui attribuait des propriétés anti-spasmodiques. Galien le signalait comme chaud et sec à la fois. Les modernes le reconnaissent comme tonique et stimulant.

Le Clinopode, connu en France sous le nom vulgaire de *grand Basilic sauvage*, se trouve surtout dans les terres en friche et dans les taillis des montagnes.

Insectes des Clinopodes.

LÉPIDOPTÈRE.

Phalæna albicollis. Linn. — Brez.

G. GLÉCHOME. GLECHOMA. Linn.

Calice subbilabié, tubuleux, imberbe ; les deux dents supérieures plus grandes. Corolle à tube saillant, grêle, ventru au sommet ; lèvre supérieure droite, horizontale, bilobée ; inférieure déclinée, plane, plus longue, trifide. Etamines parallèles, ascendantes.

Le *Gléchome*, *Lierre terrestre*, la Labiée des frais ombrages, se singularise par son mode de végétation : couvrant le sol de son feuillage pubescent et festonné, comme le Lierre pare le tronc des arbres de ses feuilles lustrées et en forme de cœur. Il allonge ses tiges horizontales dans toutes les directions, de nœuds en nœuds, espacés de dix à quinze centimètres. Chaque nœud présente un verticille composé de cinq parties : deux feuilles à long pétiole, qui se contournent souvent autour de la tige pour prendre une position horizontale et jouir de la lumière, et trois racines qui, après avoir pénétré dans la terre, forment un chevelu. Il résulte de cette disposition que chaque nœud peut former une plante nouvelle en se séparant du précédent, quoi qu'habituellement il continue à faire partie de la tige et que ses racines, en apparence utiles seulement à chacun d'eux, profitent à la plante entière.

Les tapis de verdure que forme le *Lierre terrestre* sous l'ombrage des bois, se couvrent tous les ans, vers la St-Jean, de jolies fleurs violettes qui, ainsi que les feuilles, révèlent par leur odeur aromatique leurs propriétés salutaires. Comme l'exprime le nom de *Gléchome, doux, agréable*, le suc en est pectoral, vulnéraire et fournit abondamment aux besoins de l'habitant des chaumières.

Insectes des Gléchomes.

HYMÉNOPTÈRE.

Cynips glechomatis. Linn. — V. Erable. La larve se développe dans les galles rondes et dures des feuilles. Br.

LÉPIDOPTÈRE.

Gonoptera libatrix. Linn. — V. Rosier. La chenille vit sur le *G. hederacea.*

DIPTÈRE.

Cecidomyia bursaria. Bremi. — V. Groseiller. La larve détermine la formation de galles en forme de bourses cylindriques à la surface inférieure des feuilles du *G. hederacea.* Winn.

G. NEPETA. Nepeta. Linn.

Calice subbilabié, cylindrique ; les deux dents supérieures plus grandes. Corolle à tube allongé, courbé ; orifice ouvert ; lèvre supérieure voûtée, droite, échancrée ; inférieure déclinée, à trois lobes ; les deux latéraux très-courts ; l'intermédiaire plus grand, concave, crénelé. Etamines ascendantes.

Le *Nepeta* des Romains, *Calament* ou *Calamenthe*, en français, est une Labiée voisine du *Gléchome*, semblable à la *Menthe*, dont les propriétés aromatiques sont astringentes, pectorales, favorables à l'expectoration et qu'on peut employer utilement en lotions, en bains, en fumigations.

Le *Nepeta chataire*, l'*Herbe aux chats*, présente la singularité d'attirer ces animaux par son odeur, dont ils se parfument en se frottant contre elle; ils la mangent même; mais d'après un distique anglais ils ne s'attaquent qu'à celle qui a été plantée et nullement à celle qui a été semée :

If you set it, the Cats will eat it;
If you sow it, the Cats will not know it;

Cette assertion, qui est invraisemblable mérite d'être expérimentée.

Insectes des Nepeta.

COLÉOPTÈRE.

Cassida equestris. Fab. — V. Peuplier. Il vit sur la *N. cataria*. Suff.

HÉMIPTÈRE.

Phygodicus. (Lygæus) nepetæ. Fab. — Cette Lygœïde vit sur le Nepeta.

LÉPIDOPTÈRE.

Pterophorus malacodactylus. Zeller. La chenille vit sur le *Nepeta calamintha*, et produit deux générations par an. Z.

G. LAMION. Lamium. Linn.

Calice campanulé, imberbe, à embouchure oblique, à cinq dents aristées : la supérieure plus grande, les deux latérales divariquées; les deux inférieures petites. Corolle redressée ; tube courbé, ventru au sommet ; lèvre supérieure voûtée ; inférieure trilobée ; les lobes latéraux arrondis ; l'intermédiaire grand. Etamines ascendantes. Filets filiformes.

Les Lamions attirent les yeux par leurs fleurs blanches, purpurines, ou jaunes, mais éloignent la main par leurs feuilles semblables pour la forme à celles de l'Ortie, et que l'ignorance croit également brûlantes. Leurs propriétés aromatiques sont légèrement astringentes et pectorales, mais la médecine du moyen-âge, imbue de préjugés, avait trouvé dans les fleurs blanches de l'espèce la plus vulgaire, l'indice d'une vertu souveraine dont la science a fait justice.

Le nom de Lamium est un de ceux que Linnée a emprunté aux Anciens, en en détournant la véritable acception. Pline le donne aux Scrophulaires, tandis que les *Lamium* de Linnée sont les Galeopsis de Dioscoride, nom qui aurait dû leur être conservé.

Insectes des Lamium.

COLÉOPTÈRES.

Ceutorhynchus lamii. Fab. — V. Bruyère Il vit sur le *L. album*.

Cœliodes lamii. Déj. — La larve de ce Curculionite vit à la base de la tige et dans les racines du *L. maculatum*. Elle se transforme dans la terre. Perris.

Chrysomela fastuosa. L. — V. Saule. Elle vit sur le *L. album* Suffr.

LÉPIDOPTÈRES.

Callimorpha dominula. Linn. — V. Saule. Br.

Orthosia lota. Linn. — V. Houx. Ibid.

Mania typica. Linn. — V. Saule. La chenille vit sur le *L. album*. Freyer.

Venilia macularia. Linn. – La chenille de cette Phalénide vit sur les *L. album* et *purpureum*. Elle est lisse, grossissant de la tête à l'extrémité. Elle ne forme pas de coque et s'enterre avant de se transformer.

Coleophora ochripennella. Schlug. — V. Tilleul. La chenille vit sur les *L. album* et *purpureum*.

G. GALEOPSIS. GALEOPSIS. Linn.

Calice campanulé, oblique, à cinq dents épineuses. Corolle à tube court, à gorge dilatée, bidentée ; lèvre supérieure ovale, entière, concave ; inférieure trilobée; tubes latéraux ovales; intermédiaire en cœur, renversé. Etamines ascendantes.

Tandis que Linnée donnait le nom de *Lamium* aux Galeopsis de Dioscoride, il commettait une faute semblable en donnant celui de Galeopsis au genre de plantes labiées dont il est ici question ; mais il avait trop de génie pour n'être pas au-dessus de cette peccadille.

A ce genre nous joignons celui des *Galéobdolon*. Huds. qui en est très-voisin.

Insectes des Galeopsis et des Galeobdolon.

COLÉOPTÈRES.

Cassida equestris. Fab. — V. Peuplier. Elle vit sur le *Galeopsis*. Suff.

Chrysomela fastuosa. Fab. — V. Saule. Ibid. Suff.

— sabulicola. Stev. — Ibid. Sur les *G. pubescens* et *Ladanum*. Suff.

LÉPIDOPTÈRES.

Plusia chrysitis. Linn. — V. Lonicère.

Halia Wavaria. L. — V. Groseiller.

DIPTÈRES.

Cecidomyia galeobdolontis. Linn. — V. Groseiller. La larve vit dans les jeunes pousses déformées du *Galeobd. luteum*.

G. STACHYS. STACHYS. Linn.

Calice anguleux, irrégulièrement veineux, à cinq dents aiguës. Corolle à tube court ; limbe à deux lèvres, supérieure concave, échancrée ; inférieure à trois divisions ; les deux latérales réfléchies ; l'intermédiaire grande, échancrée. Etamines ascendantes, se déjetant de côte, à la fin de la floraison.

Les Stachys, nommés, connus et estimés par les anciens, sont considérés diversement par les modernes. Sous le rapport des propriétés médicinales, ils ne sont plus employés, malgré la haute réputation dont ils ont joui sous le nom vulgaire de *Panacée des labours*. Plusieurs des espèces qui croissent en France sont propres à divers usages : le *Stachys des bois* fournit dans ses sucs une teinture jaune et des cordages dans les fibres de ses tiges. Le *Stachys des marais* a des racines charnues, farineuses, alimentaires. On les mange cuites lorsqu'elles sont jeunes et tendres. Gessner et Linnée ont prétendu qu'on pouvait en faire du pain. Plusieurs autres ont mérité la culture dans nos jardins par l'élégance de leur port ou la beauté de leurs fleurs : telles sont le *Stachys lanata*, le *Stachys cretica*, et surtout le *Stachys coccinea* de l'Amérique méridionale.

Insectes des Stachys.

COLEOPTÈRES.

Cassida equestris. Fab. — V. Peuplier. Il vit sur le *St. sylvatica*. Cornelius.

Chrysomela stachydis. Gené. — V. Saule.

HÉMIPTÈRE.

Cydnus melanocephalus. Fab. — Cette Cimicide vit particulièrement sur le *St. sylvatica*, au commencement de l'été, en Lithuanie. Gorski.

LÉPIDOPTÈRES.

Plusia jota. Linn. — V. Lonicère. La chenille vit sur le *St. sylvatica*. Freyer.

Botys stachydalis. Sinck. Her. — V. Tamarise

Ænophthira pilleriana. WW. — V. Vigne. Sur le *St. palustris*. B.

Sericoris antiquana. Dop. — V. Bruyère. La chenille creuse une longitudinale dans la racine du *St. arvensis* qu'elle perfore dans toute sa longueur Gour

Pterophorus acanthodactylus. Dup. — V. Rosier. La chenille vit dans les *St. speciosa* et *coccinea*, dont elle dévore les fleurs. (Jardins.)

DIPTÈRE.

Cecidomyia stachydis. Bremi. — V. Groseiller. La larve vit et se développe dans une poche sur les tiges déformées du *St. sylvatica*.

G. MARRUBE. Marrubium. Linn.

Calice tubuleux; dents raides. Gorge barbue. Corolle à tube inclus, barbu en dedans; lèvre supérieure ascendante, droite, plane, linéaire, bifide; inférieure déclinée, trilobée; lobes latéraux échancrés, l'intermédiaire plus grand. Etamines distantes, plus courtes que le tube de la corolle.

Le Marrube, que l'on reconnaît encore au duvet blanchâtre de sa tige et à son odeur un peu musquée, est l'une des plantes officinales le plus diversement utiles. Produisant une excitation salutaire sur toute l'économie animale, nous nous bornerons à dire qu'il active la transpiration, augmente l'action de l'estomac, facilite l'expectoration, stimule le système nerveux. Il vient à notre aide pour combattre les affections de poitrine, l'hydropisie, le scorbut, les fièvres intermittentes, l'asthme, les engorgements du foie, etc., etc. A ces nombreux bienfaits, reconnus par la science moderne, le Marrube joint le mérite de se trouver partout sous la main.

On peut s'étonner que le Marrube ait été fort peu connu des Anciens. Pline le désigne seulement comme un spécifique contre la morsure des vipères, et Dioscoride sous le nom de *Plasion*.

Insectes des Marrubes.

COLÉOPTÈRE.

Trachys pumila. Ill. — V. Coudrier. Il vit sur le *M. vulgare*. Jacq. Duv.

LEPIDOPTÈRES.

Spilothyrus marrubii. Ramb. — La chenille de cette Hespéride vit sur le *M. vulgare*; elle est courte, rugueuse, à tête très-grosse, échancrée. Le premier segment est très-rétréci. Elle se renferme dans un léger réseau avant de se transformer.

Nemotoïs schiffermillerellus. SV. — V. Prunier prunelier. Il vole en petites troupes sur le *M. vulgare*. Dup.

Pterophorus spilodactylus. Curtis. — V. Rosier. La chenille vit sur le *M. vulgare*. Speyer.

G. BALLOTA. Ballota. Tourn.

Calice infundibuliforme; gorge imberbe, à cinq lobes égaux, aristés. Corolle à tube peu saillant, garni en dedans d'un anneau de poils; lèvre supérieure dressée, voûtée, oblongue, échancrée; inférieure horizontale, trilobée; lobes latéraux, courts, échancrés; l'intermédiaire cordiforme. Etamines ascendantes, saillantes.

La Ballote, dont le nom a été emprunté à une plante décrite dans Dioscoride, par Tournefort, qui a cru la reconnaître, est connue vulgairement sous celui de *Marrube fétide*. Voisine de ce dernier genre, elle en présente les principales propriétés, et nous vient particulièrement en aide contre les affections nerveuses. De plus, elle est éminemment vermifuge, ainsi que l'indique la fétidité de l'odeur qu'elle exhale.

Insectes des Ballotes.

LÉPIDOPTÈRES.

Orthosia ballotæ. B. — V. Houx. La chenille vit sur la *B. fœtida*. Guenée.

Aplecta chenopodiphaga. Rumb. — V. Bouleau. Sur la *B. fœtida*. Rumb.

Coleophora ballotella. FR. — V. Tilleul. La chenille vit sur la *B. fœtida*.

Hadena peregrina. Tr. — V. Spartier. Sur la *B. fœtida* Rumb.

Coleophora ochripennella. Schlague. — V. Ibid. Ibid.

Pterophorus adactylus. — V. Rosier. Sur la *B. fœtida* Rumb.

G. AGRIPAUME. Leonurus. Linn.

Calice cylindrique, bilabié, à cinq angles terminés chacun par une dent aiguë. Corolle tubuleuse, bilabiée. Lèvre supérieure entière, très-velue, concave; inferieure réfléchie par le bas et divisée en trois parties presqu'égales. — Anthères parsemées de points brillants.

L'Agripaume, qui paraît avoir été inconnu des Anciens, a reçu son nom, au moyen-âge, de la forme palmée de ses feuilles radicales. Matthiole, au XVI.ᵉ siècle, a signalé son odeur forte et sa grande amertume, ainsi que ses propriétés utiles contre les spasmes, les paralysies et particulièrement les affections du cœur, qui l'ont fait appeler Cardiaque. Boerhave, avec toute l'autorité de son nom, en recommandait l'emploi comme sudorifique.

Cette belle plante, qui porte aussi le nom de *Leonarus*, *queue de Lion*, à cause de la disposition de ses fleurs et de sa tige terminale, produit un effet pittoresque dans les lieux où elle croît, au milieu des ruines et surtout des solitudes des Pyrénées où elle abonde.

Insectes des Agripaumes.

COLÉOPTÈRE.

Malachius cardiariæ. Fab. — V. Lierre. Il vit sur le *L. cardiaca*. Br.

G. SCORODONIA. Scorodonia. Tourn.

Calice campanulé, bilabié, gibbeux; lèvre supérieure large, ascendante, inférieure déclinée, à quatre dents. Corolle à tube cylindrique, imberbe en dedans, à cinq lobes inégaux, les quatre supérieurs courts, l'inférieur beaucoup plus grand, cymbiforme. Etamines ascendantes.

Le *Scorodonia* qui est la *Germandrée Scorodonia*, Linn, a été élevé au rang de genre par Tournefort, et son nom a été emprunté des Grecs, qui le donnaient à l'Ail sauvage sous celui d'*Ophioscórodon*. Très-voisin de la *Germandrée scordium* ou *aquatique*, il participe de ses qualités et particulièrement de l'odeur d'ail qu'exhalent ses feuilles, et, comme cette odeur indique la présence de l'huile volatile sulfurée, âcre et caustique qui caractérise cette plante bulbeuse, elle ne la révèle pas moins dans notre Labiée, et, avec elle, les propriétés dépuratives, sudorifiques, fébrifuges, vermifuges, antiscorbutiques, qui l'accompagnent.

Le Scorodonia, connu sous les noms vulgaires de *Sauge des bois, Sauge sauvage*, croît dans les terrains pierreux ou sablonneux, sur la lisière des bois.

Insectes des Scorodonia

COLEOPTERES.

Tomicus kaltenbachii. — V. Peuplier. Il pond ses œufs dans la tige du Scorodonia et leur présence détermine la formation d'une gale qui suffit à l'alimentation de la larve, et dans laquelle celle-ci subit toutes ses métamorphoses. Le fait de l'existence d'une larve de Tomicus dans une plante herbacée est assez curieux, quoiqu'il ne soit pas unique (voyez Euphorbe), mais ce qu'il a de plus remarquable, c'est que la femelle coupe toujours la sommité de la tige sur laquelle elle pond. Cette opération a évidemment pour but de concentrer la sève, de manière à favoriser la formation de la galle. Perris.

Apium marchicum. Herbst. — V Tamarin. Il se montre nombreux sur le *Sc. commun*. Walton.

Apion frumentarium. Herbst. — Ibid.

— rubens. Stephens. — Ibid.

FAMILLE.

VERBENACÉES. Verbenaceæ. Juss.

Drupe bi ou quadriloculaire. Graines solitaires ou géminées dans chaque loge. Radicale infère.

Cette famille, très-voisine des Labiées, se compose d'éléments fort hétérogènes, quoique réunis par les caractères botaniques : Ce sont de grands arbres, des arbrisseaux, d'humbles plantes croissant dans les diverses parties du globe et dont plusieurs figurent dans nos serres et nos parterres ; telles que le *Lantana* aux jolies fleurs orangées, le *Clerodendrum* au suave parfum. Parmi les arbres, cette famille comprend le *Tek*, l'un des plus grands du Bengale et celui qui présente aux Anglais un excellent bois de construction. Quant aux plantes herbacées, la *Verveine*, dont le nom a fourni celui de la famille, n'est qu'une herbe des bois mais qui a joui dans l'antiquité druidique de la plus grande célébrité, dont le reflet ne s'obscurcira pas.

G. VERVEINE. Verbena. Linn.

Calice campanulé ou tubuleux. Corolle infundibuliforme, inégalement, 5-lobée ; tube cylindrique, courbé au sommet ; gorge barbue ; limbe oblique ; les quatre lobes supérieurs subisomètres ; l'inférieur plus grand. Quatre étamines incluses, didynames, insérées au-dessus du milieu du tube de la corolle ; la paire supérieure un peu plus longue, inséree plus haut que l'inférieure.

Les faibles propriétés que l'on reconnaît encore à la *Verveine officinale ;* semblent un léger reflet de la grande célébrité dont elle a joui dans l'antiquité. Tout le monde sait que, sous le nom de *Hierobotane* (*herbe sacrée*), les Grecs s'en servaient à purifier l'autel pour les sacrifices ; que les Romains l'avaient consacrée à Vénus (*herba Veneris*) et arrosaient la chambre nuptiale, la salle du festin, avec de l'eau de cette plante, et ces aspersions ranimaient la joie des convives ; que les Pythonisses se couronnaient de Verveine pour entrer en délire et annoncer l'avenir, et c'est peut être de l'exaltation produite par la Verveine, qu'est venu le mot français *verve*. L'inimitié, la haine s'évanouissaient devant elle ; les hérauts d'armes envoyés à l'ennemi la portaient en signe de paix. On la suspendait aux portes des maisons pour y appeler le repos et l'union. Les Gaulois vénéraient la Verveine presqu'à l'égal du Gui. Les Druides, avant de la cueillir, faisaient un sacrifice à la Terre. Ils s'en servaient pour prédire l'avenir, et cette superstition, qui devrait être bien loin de nous, était tellement invétérée, qu'il en reste encore quelques vestiges, et que çà et là, dans nos campagnes, une vieille femme, à la démarche mystérieuse, trouve encore à placer ses sachets de Verveine, qui, à l'aide de quelques paroles cabalistiques, opèrent le charme et l'escroquerie.

Insectes des Verveines.

LÉPIDOPTÈRE.

Deilephila nycœa. Deprun. — V. Vigne. Il butine sur les fleurs des *Verveines*. Bellier de la Ch.

FAMILLE.

SCROPHULARIÉES. Scrophularieæ.

Péricarpe biloculaire, polysperme. Placentaires centraux. Périsperme nul.

Cette famille considérable est affiliée aux Labiées, quoique très-distincte d'elles; outre les caractères extérieurs, elle s'en rapproche par les principes amers et âcres dont elle est le plus souvent imprégnée, mais sans l'adjonction ordinaire de l'huile essentielle. Ces principes auxquels viennent se joindre tantôt du mucilage, tantôt une substance résineuse, donnent à ces plantes une grande diversité de propriétés, quelquefois contraires. C'est ainsi que la *Molène*, le *Mélampyre*, sont émollients, tandis que la *Véronique* est stimulante, le *Muflier* est vulnéraire, la *Gratiole* est le purgatif des pauvres, l'*Euphraise* a la vertu ophthalmique, la *Digitale* est, suivant la quantité qu'on en prend, un émétique violent, ou un calmant qui ralentit les battements du cœur et combat les anévrismes.

Plusieurs plantes de cette famille intéressent particulièrement l'Horticulture par la beauté de leurs fleurs. Telles sont les *Calcéolaires*, les *Pentstemum*, les *Chelonées*, les *Salpiglossses*, les *Budleies*, les *Mimulus* et quelques autres que nous avons nommées ; parmi les espèces utiles, les *Véroniques*, les *Digitales*, les *Mu-*

fliers. Elles ont le double mérite d'être belles dans nos parterres, bienfaisantes dans nos officines.

G. MOLÈNE. VERBASCUM Linn.

Calice à cinq divisions ; segments un peu inégaux. Corolle à tube court, inégalement à cinq lobes arrondis ; les deux latéraux un peu plus grands que les deux supérieurs, plus petits que l'inférieur. Cinq étamines saillantes, déclinées, insérées au tube de la corolle ; les deux inférieures plus longues.

Peu de plantes sont aussi populaires et ont reçu autant de noms que les plantes qui nous occupent. Indépendamment du nom grec *Phlomon* et du latin *Verbascum*, que l'on a prétendu dérivé, par altération, de *Barbascum*, qui exprime la barbe, les poils dont elle est couverte, on l'a appelée, par la même raison, *Rhapsus barbatus*, *lanaria*, et encore *Candelaria* et *Candela regis*, à cause de l'usage de torche auquel on en emploie la tige haute en l'enduisant de poix. Ensuite sont venus les noms français de *Bouillon blanc*, de *Bonhomme*, de *Molène*; ce dernier faisant allusion au duvet moelleux dont elle est revêtue. Qui ne connaît cette belle plante, au port droit, élancé, aux larges feuilles laineuses, au long thyrse de fleurs jaunes, doucement odorantes et qui décèlent leurs propriétés salutaires. En effet, ces fleurs, ainsi que les feuilles, sont éminemment émollientes, calmantes, pectorales. Nous trouvons dans la Molène une émule de la Mauve, pour nous offrir les mêmes secours. Cependant elle présente aussi des propriétés différentes : Si l'on en jette des graines dans un vivier, le poisson, frappé d'étourdissement, se laisse prendre a la main. Hochheimer assure que la Molène chasse infailliblement les rats et les souris qui dévorent le blé ; Bechstein la range parmi les plantes tinctoriales, et Risler la propose pour colorer les cheveux : « Verbascum lixivio immissum flavo colore capillos tingit. »

Insectes des Molènes.

COLÉOPTÈRES.

Anthrenus verbasci. Fab. — V. Mousses. Br.

Anthrenus tricolor. Herbst. — V. Ibid.

Gymnætron antirrhini. Payk. — La larve de ce Curculionite vit et se transforme dans les capsules du *V. phlomoides*. Perris.

Gymnætron verbasci. Rossi.

— rectangulis. Herbst. — V. Ibid., en Hongrie.

— cylindrirostris. — V. Ibid. La larve vit dans les tiges du *V. phlomoides*. Perr.

Cionus ungulatus. Fab. — V. Orne. La larve vit sur les feuilles du *V. lychnitis*. Perris.

Cionus verbasci. Fab. —V. Ibid. Sur le *V. thapsus*.

— thapsus. Fab. — V. Ibid.

— blattariæ. Fab. — V. Ibid.

— scrophulariæ. Fab. — V. Ibid.

Agapanthia verbasci. Meg. — V. Asphodèle en Hongrie.

Clytus verbasci. Fab — V. Erable-Sycomore. Il vit sur le *V. thapsus*.

Cassida murræa. Fab. — V. Peuplier. Elle vit sur le *V. thapsus*. Suffr.

Teinodactyla verbasci. Panz. — V. Echium·

Chrysomela sanguinolenta. Fab. — V. Saule. Elle vit sur le *V. lychnitis*. Suffr.

Spartophila liturata. Scop. – V. Spartier. Sur le *V. nigrum*. Suffr.

HYMÉNOPTÈRE.

Eulophus verbasci. L. Duf. — La larve de cette Chalcidite vit en parasite dans les chenilles d'une Tinrite des *Verbascum*.

HÉMIPTÈRES.

Stirelrus smaragdalus. Lap. Am. (Scutellera Sm. Serv.) — V. Pommier. Il fréquente plusieurs espèces de *Verbascum*.

Phytocoris uprisphones. Am. — V Poirier. Sur le *V. pulverulentum*. Perr

Aphis verbasci. Schr.—V. Cornouiller. Il vit sur le *V. nigrum*. Kultenb.

LÉPIDOPTÈRES.

Melitœa cinxia. Fab. — V. Peuplier.

Dicranura verbasci. G. — V. Saule.

Acronycta valligera. Fab. — V. Tilleul. La chenille vit sur les *V. nigrum* et *thapsus*. Hering.

Aplecta nebulosa. (Ap. Thapsi.) H. — V. Bouleau.

Cucullia thapsiphaga. Tl. — La chenille de cette Noctuélite, est épaisse, lisse, à tête un peu aplatie antérieurement. Elle se renferme, avant de se transformer, dans une coque solide de terre et de soie. Elle vit sur les *V. thapsus* et *lychnitis*, à découvert, préférant les fleurs et les graines aux feuilles et se tenant aux extrémités fleuries, toujours plusieurs a la fois. Ramb.

Cucullia blattariæ. Esp. — V. Ibid.

— caninæ. Ramb. — V. Ibid.

— scrophularivora. Ramb. V. Ibid.

— lychnitis. Ramb. — V. Ib. La chenille vit sur le *V. lychnitis*. Dup.

Cucullia scrophulariæ. W. W. — V. Ibid.

— scrophulariphaga. Ramb. — V. Ibid.

— verbasci. Linn. — V. Ibid.

Euclidia glyphica. Linn. — La chenille de cette Noctuélite est lisse, atténuée postérieurement, à tête épaisse. Elle se replie sur elle-même, presqu'en hélice, dans le repos, et n'a que douze pattes. Avant de se transformer, elle se renferme dans une coque assez solide, construite de debris de mousse.

Hadena chenopodii. Fab. — V. Spartier. La chenille vit sur le *V. thapsus*. Hering.

Botys verbascalis. H. — V. Tamarisc.

Rhinoscia verbascella. W. W. — V. Genévrier.

Gnophus variegata. — La chenille de cette Phalénide est lisse, peu allongée, portant deux pointes charnues, inclinées, sur le onzième segment. Elle ne forme pas de coque avant sa métamorphose. Elle vit sur le *V. lychnitis*.

DIPTÈRES.

Cecidomyia verbasci. Vallot. — V. Groseiller. La larve vit sur le *V. thapsus*

Lonchæa nigra. Meig.— La larve vit dans la tige des *V. thapsus* et *pulverulentus*. Elle pratique de longues galeries dans la moelle Plusieurs vivent habituellement dans la même tige. Perris.

Agromyza verbasci. Bouché. — V. Avoine. La larve mine les feuilles des *V. nigrum* et *lychnitis*. Bouche.

Agromyza thapsi. B. — V. Ibid. Sur le *V. thapsi*.

— holoscricea. B. — V. Ibid. Sur le *V. nigrum*.

— macquarti. Gour. — V. Ibid. La larve mine les feuilles du *V. bouillon blanc*. G.

G. CALCÉOLAIRE. Calceolaria. Feuillé.

Calice à quatre divisions plus ou moins inégales. Corolle bilabiée, à tube très-court ; lèvres sacciformes, conniventes, entières. La supérieure ordinairement petite, l'inférieure grande, en forme de sabot. Deux étamines peu ou point saillantes, insérées au tube de la corolle.

Les Calcéolaires, originaires du Pérou et du Chili, découvertes et nommées par le père Feuillé, intéressent à la fois le botaniste et l'horticulteur. Leurs fleurs, par leur caractère ambigu, laissent leur place naturelle incertaine entre celle des Scrophulariées et des Gessnériées. Mais la forme, bizarement élégante d'un petit sabot (*calceolus*), les rend gracieuses à tous les yeux ; d'un autre côté, la même élégance préside aux nuances et à la disposition des couleurs dont elles sont ornées, et l'horticulture, par sa magique puissance, en a multiplié les merveilleuses combinaisons au-delà de ce que l'imagination la plus fantastique saurait concevoir.

Insectes des Calcéolaires.

HÉMIPTÈRE.

Aphis calceolariæ. Macq. — V. Cornouiller. Ce Puceron, qui

est d'un gris verdâtre, couvre quelquefois les tiges et les feuilles de la *Calcéolaire*.

G. SCROPHULAIRE. Scrophularia. Tournef.

Calice à cinq divisions presqu'égales. Corolle bilabiée, à tube court, ventru ; lèvre supérieure plus longue, bilobée, obliquement dressée, souvent accompagnée d'un staminode pétaloïde inséré entre les deux lobes ; lèvre inférieure trilobée ; l'intermédiaire plus grand. Quatre étamines didynames, insérées au tube de la corolle.

Ces plantes, que l'on soupçonne les Anciens d'avoir confondues avec les *Galeopsis*, ont une saveur amère, une odeur nauséabonde, et ces qualités leur donnent les propriétés toniques et excitantes qui leur sont généralement reconnues. Au moyen-âge, elles étaient considérées comme remèdes à tous les maux et appelées *mille-morbia*. On leur a aussi donné le nom d'*Herbe du Siége*, à l'occasion de ce qui arriva à La Rochelle, assiégée, en 1628, par le cardinal de Richelieu. Tous les médicaments disponibles avaient été consommés pour soigner les blessés, et l'on en vint à n'avoir plus d'autre ressource que la *Scrophulaire aquatique* qui fut employée pour tous les besoins et qui le fut avec un plein succès, ce qui est révoqué en doute par les savants médecins (1).

Insectes des Scrophulaires

COLÉOPTÈRES.

Anthrenus scrophulariæ. Linn. — V. Mousses. On le trouve sur les fleurs du *S. nodosa*. Br.

Cionus scrophulariæ. Fab. — V. Orme.

Curculio pericarpius. Linn. — Il vit dans les péricarpes de la fleur de la *S. nodosa*.

---

(1) Ce que nous admettons comme arrivé au siége soutenu contre Louis XIII, peut être attribué à celui de 1572, contre le duc d'Anjou, et qui dura deux ans.

Altica rutila. Fab. — V. Vigne. La larve se nourrit des feuilles de la *S. nodosa*. Perris.

Teinodactyla lurida. Ill. — *V. echium*. Il vit sur la *S. aquatica*. Perr.

HYMÉNOPTERES.

Allantus scrophulariæ. Fab. — V. Groseiller. Il vit sur la *S. nodosa*. Br.

Stosnoctea Dufourii. — Ce genre nouveau de Cynipsaires, formé par M. L. Dufour, a les mandibules pectinées. On le trouve sur la *S. canina*.

LEPIDOPTERES.

Caradrina fuscicornis. Ramb. — V Orge. La chenille vit sur la *S. ramosissima*. Ramb.

Cucullia scrophulariphaga. Ramb. — V. Molène. La chenille se nourrit des fleurs et des graines de la *S. ramosissima*. Ramb.

Cucullia scrophulariæ. W. W. — V. Ibid. Il vit sur la *S. nodosa*, dans le Dessau.

Cucullia thasiphaga. Tr. — V. Ibid. La chenille se nourrit de la *S. canina* où elle vit par groupes. Bell. de la Chav.

Cucullia scrophularivora. Ramb — V. Ibid.

G. LINAIRE. Linaria. Tourn.

Calice à cinq divisions. Corolle personée, à tube court, ventru, éperonné à la base; lèvre supérieure bilobée, inférieure trilobée, munie d'une bosse. Quatre étamines didynames, incluses, insérées au tube de la corolle.

La ressemblance avec le Lin qui a donné lieu au nom des Linaires n'a rapport qu'à la ténuité des tiges et à la forme des feuilles. Tout le reste diffère grandement. Les propriétés purgative et diurétique qui leur sont reconnues, mais dont l'emploi est abandonné, a pour principe l'amertume de leurs sucs. Mais, comment expliquer la vertu qui leur était attribuée de guérir la fièvre quarte, lorsque l'on mettait les tiges de cette plante dans les chaussures, sous la plante des pieds.

Les Linaires sont du petit nombre de plantes qui présentent un phénomène rare de physiologie végétale, découvert par Linnée. Les fleurs, ordinairement irrégulières, se développent quelquefois dans l'état régulier appelé *Pélorie*, et Wildnow assure que les graines qui en proviennent donnent presque toujours des fleurs également régulières. Ne pourrait-on pas hasarder l'hypothèse que les fleurs irrégulières des Linaires deviennent quelquefois régulières parce que cette irrégularité, comme dans la classe des Labiatiflores, en général, ne paraît pas être entrée dans le plan primitif de ces fleurs, ainsi que semblent l'indiquer les cinq divisions des deux lèvres, coïncidant avec les cinq étamines dont la supérieure est stérile et rudimentaire. Dans cette hypothèse, la Pélorie serait l'état normal reprenant sa régularité.

M. Thiébaut de Berneaud a signalé un fait entomologique qui se rapporte à la Linaire. Les Abeilles sont très-avides du miel de la fleur dont une grosse goutte descend au fond de l'éperon, mais leur trompe n'étant pas assez longue pour y arriver, elles ont l'instinct de percer à la base de cet éperon un trou qui leur permet de s'emparer du précieux nectar. C'est du reste le même manége employé par les Bourdons pour parvenir au même but.

Insectes des Linaires.

COLÉOPTÈRES.

Gymnætron noctis. Perr. — V. Molène. La larve se nourrit et se transforme dans les capsules de la *L. vulgaris*. Perr.

Gymnœtron curvirostris. Dej. (*G. linariæ*. Panz.) — V. Ibid.

LEPIDOPTÈRES.

Deilephila lineata. Fab. — V. Vigne. La chenille vit sur les *Linaires*. Bell.

Cleophana linariæ. Fab. — V. Saule. Elle butine sur les fleurs des *Linaires*.

Larentia linariata — V. Rhamm. Elle vit sur la *L. vulgaris*, dans le Dessau.

DIPTÈRES.

Cecidomyia linariæ. Kultenb. In litter. La larve vit dans un sachet, sur une feuille du *L. vulgaris*. Kult.

G. MUFLIER. Antirrhinum. Tourn.

Calice oblique, à cinq divisions inégales. Corolle personée, à tube allongé, sacciforme à la base, garni de deux barbes à la surface interne; lèvre supérieure bilobée, inférieure trilobée, munie d'une bosse. Quatre étamines didynames, incluses, insérées au tube de la corolle.

Les Anciens, qui connaissaient l'Antirrhinum, le surnommaient *Mufle de veau*, tiré de la forme irrégulière du fruit, tandis que nous donnons le même surnom à cette plante par allusion à la fleur qui a en effet aussi la figure d'un mufle, d'une gueule, d'un masque, *persona* (1), type des fleurs personées.

La principale propriété que les Anciens attribuaient à cette plante était d'embellir la personne qui s'en frottait avec de l'huile de Lys. Ils croyaient aussi qu'en la portant suspendue au cou, on se préservait des enchantements et des empoisonnements, et cette fausse croyance a sans doute été l'origine de l'usage que faisaient des Mufliers les charlatans du moyen-âge, pour les sortiléges.

Dépouillées de ce prestige, il reste à ces plantes la beauté de leurs fleurs, surtout depuis que l'horticulture y a ajoute l'éclat, la diversité et l'élégante disposition des couleurs.

Nous joignons aux Mufliers les deux sous-genres voisins *Anarrhinum*, l'un des noms que les Anciens leur donnaient, et *Chænorhinum*, qui en ont été récemment détachés.

Insectes des Mufliers.

---

(1) J.-J. Rousseau disait à Mme. de Lessert, en lui parlant des plantes personées : « Le mot latin *persona* signifie *un masque*, nom très-convenable assurément à la plupart des gens qui portent, parmi nous, celui de personnes. »

COLÉOPTÈRES.

Gymnœtron tetes. Fab. -- V. Molène. Il vit sur l'*A. majus.*
— antirrhini. Germ. - V. Ibid.

HÉMIPTÈRE.

Thrips variegata. Linn. — V. Vigne. Il vit sur l'*A. linaria.*

LÉPIDOPTÈRES.

Callimorpha hera. Linn. — V. Saule. Br.
Cleophana antirrhini. H. — V. Molène. Il butine sur l'*A. majus.* Bell.
Eupithcacia linaria. B. — V. Tamarisc.

Insectes des Anarrhinum.

LÉPIDOPTÈRE.

Cleophana anarrhini. H — V. Saule. Guenée.

Insectes des Chænorrhinum.

LÉPIDOPTÈRE.

Cleophana penicillata. Ramb. (Chœnorrhini. D.) — V. Saule.

G. DIGITALE. DIGITALIS. Linn.

Calice à cinq divisions plus ou moins inégales Corolle tubuleuse, bilabiée, obliquement infundibuliforme ou clavicorne, ventrue en dessous, gorge beante; lèvre supérieure très-entière ou brièvement bilobee; inférieure indivisée. Quatre étamines didynames, déclinées, insérées peu au dessus de la base de la corolle.

La *Digitale*, (le *Gant de Notre-Dame*,) l'une de nos plus belles plantes indigènes, réunit à l'élévation et à l'élégance du port, l'ampleur du feuillage, la grandeur, la couleur pourprée et les mouchetures intérieures des fleurs disposées en thyrses longs et gracieux. Elle embellit de sa présence tous les lieux où nous la rencontrons : les sols sablonneux ou rocailleux, les clairières des forêts, les bois montueux, les ravins desséchés. Dans nos jardins, où sa vulgarité n'est pas un titre d'exclusion, elle n'est effacée par aucune autre fleur et soutient dignement l'honneur de notre Flore française.

La Digitale ne nous intéresse pas moins par ses propriétés que par sa beauté. Aussi énergiques que variées, ces propriétés proviennent surtout de l'action stimulante de cette plante sur les organes de la digestion, de la circulation, sur le système nerveux et sur les différents appareils sécréteurs, de sorte que la plupart de nos maladies peuvent y trouver des moyens de guérison et c'est ce qui a produit le proverbe italien : *Aralda che tutte piaghe salda.*

Insectes des Digitales.

LEPIDOPTERE.

Arctia lubricipeda. L. — V. Poirier. La chenille vit sur la *D. purpurea,* qu'elle dévore quelquefois complètement. Héring.

G. VÉRONIQUE. VERONICA. Linn.

Calice de quatre à cinq divisions inegales. Corolle subrotacée 4-fide; tube cylindrique; segments inégaux; supérieur moins étroit que l'inférieur, plus large que les intermédiaires. Deux étamines dressées, divergentes, inserées à la gorge de la corolle.

Les nombreuses espèces de Véroniques indigènes semblent adaptées à tous les sites, pour répandre partout le bienfait de leurs propriétés salutaires. Les sommets des Alpes et des Pyrénées, le flanc boisé des montagnes, les collines arides, les pelouses desséchées, les fraiches prairies, le bord des ruisseaux, présentent diversement les Véroniques, ornées des epis de leurs jolies fleurs bleues, qui semblent solliciter la main de les cueillir pour les transformer en substances médicinales. Longtemps préconisée comme remède souverain contre une multitude de maladies, revendiquant l'honneur d'avoir guéri un roi de France de la lèpre, la Véronique est à peu près abandonnée de la medecine savante; mais elle reste en crédit près de la medecine domestique, et le docteur Roques dit à ce sujet : « Que la sœur hospitalière continue donc d'aller cueillir la Véronique dans les bois, dans les pâturages ; qu'elle en propose des infusions, des tisanes pour les pauvres dont les organes ont besoin d'être doucement excités; qu'elle y ajoute un peu de miel ou un peu de réglisse, si le malade tousse. Un peu de repos, un peu de vin, quelques tasses de bouillon, ranimeront bientôt la santé. » Cette médecine suffit ordinairement dans les campagnes.

Insectes des Véroniques.

COLEOPTERES

Meloe atrata. Linn. — V. Blé. Il vit sur les fleurs des *Véroniques*, aux bords de la mer Caspienne.

Gymnetron beccabungæ. Fab. — V. Molène. La larve a son berceau dans les fruits de la *V. scutellata*, et elle y subit ses métamorphoses. Perris.

Gymnetron villosulus. Fab. — V. Ibid. La larve vit et se transforme dans les fruits de la *V. anagallis*, qui se dilatent en forme de galle et s'hypertrophient. Perr.

Gymnetron veronicæ. Germ. — V. Ibid. La larve dévore le fruit de la *V. scutellata*. Perr.

Gymnetron elliptica. Herbst. — V. Ibid.

Helodes violacea. Fab. (Beccabungæ. Payk.) — V. Saule.

LEPIDOPTÈRES.

Melitæa cinxia Linn. — V. Peuplier.

Anchoscelis immaculata. Fab. — V. lychnidis. Br.

Adela (*Caucha*. Zell.) fibulella. S. V. — V. Saule. Elle vit sur la *V. chamædrys*. Zell.

Adela (Caucha. Zell.) leucocerella. Scop. Sur la *V. chamædrys*. Zell.

Pterophorus fuscus. Retz. — V. Rosier. La chenille vit sur la *V. chamædrys*. Zell.

DIPTERE.

Cecidomyia veronicæ. Bremi. — V. Groseiller. La larve se développe dans des poches laineuses sur les *V. chamædrys* et *montana*. Br.

G. EUPHRAISE. EUPHRASIA. Tourn.

Calice campanulé, à quatre divisions ; la fente inférieure plus profonde. Corolle bilabiée, ringente; lèvre supérieure cuculliforme, bilobée au sommet; inférieure à trois lobes echancrés Quatre étamines didynames, insérées au tube de la corolle.

Cette jolie, mais humble petite plante, qui s'élève peu au-dessus de la mousse au milieu de laquelle elle croît sur la lisière des bois, doit sa grande célébrité, longtemps incontestée, à une propriété contre laquelle la plus vive opposition s'est soulevée de nos jours : sa vertu ophthalmique. Son beau nom grec qui signifie *joie*, *plaisir*, exprime les sentiments que l'on éprouve lorsque, grâce à elle, on recouvre la vue. Son nom poétique anglais, *Eye-bright, la Lumière des yeux ;* son nom trivial français, *Casse-Lunettes*, font également allusion à cette salutaire prérogative ; les témoignages les plus nombreux, les noms qui inspirent le plus de confiance, viennent à l'appui de l'opinion publique. Enfin, le tannin que renferme cette plante paraît confirmer encore cette propriété spéciale. Cependant l'incrédulité a succédé à cette foi ; on conteste la réalité des succès obtenus par l'Euphraise, on invoque même l'absurdite de l'une des preuves que le moyen-âge a alléguées en sa faveur, c'est-à-dire l'apparence d'œil que donne à ses fleurs la petite tache jaune dont elles sont marquées. Pourquoi faut-il que nous ne renoncions à l'Euphraise que pour abandonner nos yeux malades aux collyres des charlatans.

Insectes des Euphraises.

LEPIDOPTERES.

Acronycta abscondita. Tr. — V. Tilleul. La chenille vit sur l'*E. odontitis*. Héring.

Acronycta euphrasiæ. Borkh. — V. Ibid. Guénée.

G. MELAMPYRUM. Melampyrum. Tourn.

Calice tubuleux, à quatre divisions. Corolle bilabiée ; lèvre supérieure courte, comprimée; inférieure trifide; tube s'élargissant dans le haut. Quatre étamines didynames, ascendantes.

Cette plante qui, sous les noms vulgaires de *Rougeole* ou de *Blé de Vache*, croît en abondance dans les champs de blé, y produit un effet agréable à la vue par l'élégance des bractées rouges de ses tiges fleuries ; mais elle nuit aux récoltes si l'on n'a le soin de l'extirper, en mêlant sa graine au blé et en donnant au pain une odeur piquante et une saveur amère et malfaisante. Cependant cette même graine participe, sous un autre rapport, aux propriétés salutaires des autres plantes de cette famille; réduite en farine, et employée en cataplasmes, elle est douce et émolliente.

D'un autre côté, et considéré comme blé de vache, le Mélampyrum est très-recherché des bestiaux dont il rend excellents le lait et le beurre. Des essais ont été faits pour le cultiver comme plante fourragère, mais ils n'ont pas réussi parce qu'il ne prospère pas sans être mêlé à d'autres plantes. On obtiendrait peut être de bons résultats en le semant dans les Trèfles, les Luzernes, les Sainfoins.

Sous le rapport physiologique, le Mélampyre présente deux par ticularités remarquables par lesquelles il sert de transition entre cette famille et celle des Acanthacées : la structure de la capsule et la nature albumineuse de la graine.

Insectes des Melampyrum.

LÉPIDOPTÈRES.

Melithæa athalia. Borkh. — V. Peuplier. La chenille vit sur le *M. sylvaticum*. Freyer.

Noctua tristigma. O. — V. Ronce. Br.

— herbida. W. W. — V. Ibid.

CLASSE.

MYRSINÉES. Myrsineæ. Bartl.

Fleurs régulières. Étamines antépositives. Placentaire central, libre. Radicule transverse.

FAMILLE.

PRIMULACÉES. Primulaceæ. Vent.

Calice herbacé, ordinairement à cinq divisions. Corolle non persistante ou marcescente; lobes interposés, filets des étamines filiformes ou subulés.

La classe des Myrsinées n'est composée que de deux familles. les *Ardisiacées* qui ne comprennent que des végétaux exotiques, et les *Primulacées* qui appartiennent en grande partie à l'Europe. Ces dernières nous intéressent surtout par leurs fleurs, souvent très hâtives, qui inaugurent le printemps.

G. SOLDANELLE. Soldanella. Tourn.

Calice petit, persistant, à divisions linéaires. Corolle campanulée, rétrécie à la base, à cinq lobes palmatifides; gorge inappendiculée ou garnie de cinq écailles. Cinq étamines courtes, incluses, conniventes, insérées à la gorge de la corolle.

Le nom de Soldanelle qui, suivant Matthiole, était, au XVI.e siècle, donné au Chou marin, a été emprunté par Tournefort pour ce joli genre de plantes dont la principale espèce croît sur les hauteurs des Alpes et des Pyrénées. Hâtive comme toutes les Primulacées, elle paraît lorsqu'à peine les neiges commencent à fondre, à reculer, et ses jolies fleurs lilas, portées sur leur hampe élégante, leur succèdent presqu'immédiatement.

Insectes des Soldanelles.

HÉMIPTÈRE.

Physapus atratus. Halid. — V. Narcisse. Il vit sur les *Soldanelles*.

G. PRIMEVÈRE. PRIMULA. Tourn.

Calice tubuleux, ventru, à cinq dents. Corolle à gorge contractée, couronnée d'un anneau glanduleux; limbe à cinq lobes échancrés au sommet. Cinq étamines incluses, insérées au tube de la corolle; filets filiformes, courts.

La Primevère, *Primula veris*, la première fleur du printemps, nous charme tous les ans par son apparition dans nos bois, dans nos vergers; comme l'hirondelle, par son retour à nos fenêtres, elle inaugure une année nouvelle avec toutes les jouissances que nous donnent les fleurs, que nous promettent les fruits, les moissons qui la suivront. Elle donne à l'enfance, à l'adolescence, les premiers bouquets, les diadêmes, les guirlandes, que remplacent, sans les faire oublier, les Roses et les Lys. En nous annonçant le retour du doux printemps, elle nous rappelle encore le printemps de notre vie, si fleuri, si orné de couronnes juvéniles, si engagé dans l'entraînement des plaisirs, mais suivi de tant de déceptions, de tant de germes avortés, de tant de fruits au ver rongeur.

A ces qualités, en quelque sorte morales, la Primevère joint plusieurs propriétés sanitaires dont les anciens faisaient grand cas, particulièrement contre le spasme et la paralysie; mais les modernes révoquent ces vertus en doute, et laissent à peine la Primevère en possession de soulager les rhumes par l'infusion théiforme de ses fleurs.

Insectes des Primevères.

COLÉOPTÈRE.

Apalus bimaculatus. Fab. — Ce Vésicant vit sur les *Primevères*. Br.

HÉMIPTÈRE.

Tœniothrips primulæ. Halid. — V. Fetuque.

LÉPIDOPTÈRES.

Nemeobius lucina. Steph. — Cette Erycinide dépose ses œufs

seuls ou par deux sur la surface inférieure des feuilles des *P. vera* et *elatior*. La chenille est ovale, hérissée de poils, à tête très-petite et globuleuse, pattes très-courtes. La chrysalide est attachée par la queue et par un lien transversal.

Polia occulta. Freyer. — V. Asphodèle. La chenille vit sur les *Primevères*. Fr.

Triphæna pronuba. Linn. — V. Hêtre. La chenille vit sur la *P. veris*, sous les feuilles, au premier printemps. Necker.

Triphæna fimbria. Linn. — V. Ibid. Br.

Noctua festiva. W. W. (Primulæ. Esp.) — V. Fraisier. Br.

— baja. Fab. — V. Ibid. La chenille vit sur la *P. veris*. Freyer.

DIPTERE.

Phytomyza cinerella. Meig. — V. Houx. La larve mine les feuilles du *P. grandiflora*, dans lesquelles elle trace une galerie simple. Goureau.

G. AURICULE. Auricula. Tourn.

Calice campanulé, à cinq dents. Gorge non-glanduleuse, évasée; limbe à cinq lobes à peine échancrés. Cinq étamines incluses, insérées au tube de la corolle ; filets filiformes, courts.

L'*Auricule*, l'*Oreille d'Ours*, en descendant des rochers des Alpes était devenue, par la beauté de ses fleurs et celle que l'art y a ajoutée, l'une des plantes les plus chères aux fleuristes; elle partageait avec l'OEillet, la Renoncule, l'Anémone, la Jacynthe et la Tulipe, les honneurs d'une culture à peu près exclusive, avant l'importation de la multitude actuelle des plantes exotiques, et, quoique notre amour pour les fleurs se soit fort éparpillé, il reste encore des fidèles au culte de nos pères; le nord de la France surtout ne l'a pas trahi, et l'OEillet de Flandre, l'*Auricule de Lille*, la Tulipe de la Brasserie, brillent encore au milieu de toutes les richesses végétales du globe, rassemblées dans nos jardins. L'Oreille d'Ours obéit toujours, pour être belle, aux mêmes lois qui exigent que les fleurs soient larges, planes, nombreuses, régulières, d'un bleu pourpre, ou brun olive, ou feu velouté noir ; qu'elles aient sur leur pourtour un liseré blanc ou jaune; que leurs étamines ne dépassent pas le bord de la corolle. A ces conditions et d'autres encore, que la mode changeante détermine, l'*Auricule* est proclamée la *Belle des Belles*.

Insectes des Auricules.

LÉPIDOPTÈRE.

Cidaria pyraliaria. B. — V. Berberis. La chenille s'est trouvée sur un *Auricule*, dans le Dessau.

G. LYSIMAQUE. Lysimachia. Tourn.

Calice persistant, à cinq divisions. Corolle rotacée. Tube court; limbe étalé, à cinq divisions. Cinq étamines distantes, insérées au fond de la corolle. Filets dressés.

Les deux espèces indigènes de ce genre sont de belles plantes que nous trouvons avec plaisir dans les bois et au bord des eaux. Leurs grandes fleurs d'un jaune d'or, disposées en larges bouquets, leur ont valu une place dans nos parterres. L'une d'elles présente ses feuilles arrondies avec la régularité de pièces de monnaie qui auraient été comptées, d'où elle a reçu le nom d'*Herbe aux Écus*, de *Monnayère*, *Nummularia*.

Les anciens appelaient cette plante, *Herbe aux cent maladies*, faisant allusion à ses nombreuses propriétés médicinales, encore admises par les modernes jusque près de nos jours. En effet, Boerhave recommandait l'emploi de la *Nummulaire* contre les hémorrhagies et la phthisie pulmonaire.

Leur nom de Lysimachie leur vient, non du célèbre lieutenant d'Alexandre-le-Grand, mais d'un roi de Sicile du même nom, qui le premier en a fait usage.

Insectes des Lysimaques

COLÉOPTÈRE.

Tapinotus sellatus, Fab. (Lysimachiæ. Herbst.) — Il vit sur les *Lysimaques*.

LÉPIDOPTÈRES.

Psyche stettinensis. Hering. — V. Mousses. Il se trouve sur la *L. nummularia*. Her.

Acronycta menyanthidis. Esp. — V. Tilleul. La chenille vit sur la *L. vulgaris*. Her.

Orthosia gracilis. Linn. — V. Houx. Sur la *L. vulgaris*. Br.

G. ANAGALLIS. Anagallis. Tourn.

Calice à cinq divisions membraneuses aux bords. Corolle rotacée, à cinq divisions; tube très-court. Cinq étamines distantes, insérées au fond de la corolle; filets poilus, libres, filiformes ou élargis vers leur base.

L'*Anagallis*, *Mouron des Champs*, tel que le considère la science actuelle, se singularise par une particularité physiologique : Il se présente sous deux aspects différents, portant des fleurs rouges ou bleues, sans aucune autre différence bien constatée, mais constamment, invariablement et sans aucune des causes apparentes qui déterminent les variations. Il est admis comme formant deux variétés, sans mentionner le type. Lamarck en jugeait différemment et en faisait deux espèces. L'antiquité et le moyen-âge le considéraient comme les deux sexes d'une seule espèce, ce qui est inadmissible, le mâle à fleurs rouges, la femelle à fleurs bleues. Cette divergence d'opinions ne paraît-elle pas, comme je l'ai dit en commençant, indiquer une certaine singularité dans la manière d'être de cette plante?

Les anciens reconnaissaient à l'Anagallis des propriétés nombreuses et importantes, et particulièrement de fondre les obstructions du foie, de désopiler la rate, origine de son nom, *Anagelao*, (*je ris aux éclats*.) Ils lui en attribuaient une autre, qui peut également exciter le rire : Ils disaient que l'Anagallis à fleurs bleues resserre le ventre et que le rouge le relâche. (Voyez Dioscoride.)

Ces vertus, et bien d'autres, se sont évanouies, et nous n'avons plus recours au Mouron que pour maintenir en santé et gaîté nos petits oiseaux de cage.

Insectes des Anagallis.

COLÉOPTÈRE.

Amara trivialis. Duftsch. — V. Blé. Il s'attaque à la fructification naissante de l'*A. silvatica*.

CLASSE.

CAMPANULACÉES. CAMPANULACEÆ. Bartl.

Calice adhérent. Etamines ordinairement en même nombre que les lobes de la corolle, interpositives. Placentaires centraux, polyspermes.

G. CAMPANULE. CAMPANULA. Tourn.

Calice inappendiculé. à cinq divisions. Corolle campanulée, marcescente, à cinq lobes. Cinq étamines libres; filets connivents, ciliés, dilatés à leur base.

De cette classe fort restreinte, le genre Campanule doit seul nous occuper; formé par Tournefort, c'est-à-dire en y comprenant ceux qui en ont été détachés depuis (1), il est connu de tout le monde, soit par le nombre et la vulgarité des espèces, soit par ses fleurs en clochettes, soit par l'utilité que nous en retirons. Aussi les noms populaires abondent-ils : Le *Carillon*, la *Pyramidale*, le *Gant de Notre Dame*, la *Violette de Marie*, le *Miroir de Vénus*, la *Doucette*, la *Raiponce*. Ces dernières, dont nous mangeons en salade les jeunes feuilles et les racines, contiennent, comme la plupart des Campanules, un suc blanc, doux, muqueux et nutritif; quelques-unes sont astringentes et détersives.

La *Campanule, Trachelium*, rappelle une coutume barbare qui existait aux XII.ᵉ et XIII.ᵉ siècles. Un faisceau de tiges de cette plante, porté au bout d'un long bâton, servait de garantie et auto-

---

(1) Genres Musschia, Dumort., Adenophora Fisch., Specularia Heist., Roella Linn., Platycodon DeCand., *Canarina* Juss. Michauxia, L'Hérit., Trachelium Linn.

risait celui qui le tenait à se déclarer l'ennemi de tout venant et à se livrer à des atrocités de tout genre. La manière adoptée alors pour cette affreuse déclaration de guerre civile, était singulière. Il fallait que les tiges de la Campanule fussent tressées et mêlées à quelques rameaux garnis de feuilles; on les élevait en l'air, puis on injuriait les personnes que l'on voulait attaquer, et tout était légitimé. (Thibaut de Bern.) Mais cette coutume, née de la barbarie de ces temps reculés, devait disparaître devant l'équité, la fermeté, la sagesse, la vertu du grand roi St.-Louis, le grand justicier de son royaume.

Insectes des Campanules.

COLEOPTÈRE

Gymnethron campanulæ. Linn. — V. Pâturin. La larve vit dans le péricarpe renflé des fleurs de la *C. rotundifolia.* (Ann. Stett. 1840.)

HÉMIPTÈRE.

Physapus atratus. Hal. — V. Narcisse.

LÉPIDOPTERES.

Calocampa exoleta. Linn. — V. Fétuque. Elle vit sur les *Campanules.* B

Cucullia campanulæ. Freyer. — V. Molène. La chenille vit sur la *C. rotundifolia.*

DIPTÈRE.

Agromyza strigata. Meig. — V. Avoine. La larve mine les feuilles de la *C. trachelium.* Bouché.

CLASSE.

COMPOSÉES. COMPOSITÆ. Bartl.

Calice adhérent. Segments de la corolle à estivation valvaire. Cinq étamines. Anthères connées, réunies en tubes. Ovaire uniovulé. Fleurs en capitule.

FAMILLE.

SYNANTHERÉES. SYNANTHEREÆ. Rich.

Graines non périspermées, dressées.

Les Synanthérées qui contiennent la généralité des Composées, forment la classe la plus nombreuse du règne végétal, comptant le dixième des 90,000 espèces connues; elles sont en même temps les plus remarquables par les caractères et les singularités de leurs fleurs. Ces fleurs présentent un aspect trompeur: on les considère vulgairement comme simples, c'est-à-dire n'en formant qu'une, et elles sont en réalité un assemblage de petites fleurs, fleurons, réunies sur un réceptable et portées par un pédoncule commun. Il semble que ce pétiole soit lui-même un assemblage des pédoncules particuliers de chaque fleuron, soudés ensemble et dilatés à l'extrémité, pour former le réceptacle. Ces fleurs sont également composées si on considère que leurs fleurons sont tantôt hermaphrodites, tantôt seulement mâles ou femelles, tantôt neutres, présentant en un mot toutes les combinaisons possibles des sexes entr'eux. Ces fleurs sont encore composées sous le rapport des formes différentes des fleurons, tous semblables dans les uns, en forme de rayon régulier ou irrégulier et labié à la circonférence dans les autres.

Les nervures des pétales ne sont pas situées au milieu du limbe et ramifiées comme dans les autres fleurs, mais elles leur servent de bordure et forment ainsi une anomalie très-exceptionnelle.

Les anthères sont réunies par des soudures en un tube, ce qui a donné lieu au nom de Synanthérées donné à cette classe. Les organes perdent ainsi la mobilité nécessaire à leur action, mais le pistil passe à travers le tube et le stigmate est couvert de poils qui recueillent le pollen.

Les graines des fleurons sont le plus souvent surmontées d'une aigrette très diversifiée, élégant aérostat et parachute qui porte la graine dans les airs et la dissémine au loin.

Le réceptacle de tous les fleurons se diversifie par sa forme et les appendices dont il est pourvu. et il prend quelquefois des dimensions énormes.

Enfin, le calice commun se couvre ou se hérisse de folioles ou d'épines qui présentent des modifications infinies.

Les Synanthérées, dont nous venons de voir les nombreuses singularités, sont remarquables par leurs propriétés moins nombreuses mais surtout des plus utiles. Nous leur devons, en même temps, des plantes alimentaires, la *Chicorée*, la *Laitue*, le *Topinambour* le *Salsifis*; des plantes condimentaires, le *Thym*, la *Sauge*; des plantes oléagineuses, le *Madia*; des plantes tinctoriales, le *Carthame*; des plantes médicinales, l'*Achillée*, la *Camomille*, l'*Armoise*, l'*Absinthe*, la *Tanaisie*, ces aimables fleurs qui nous sont si précieuses par leurs salutaires vertus.

TRIBU.

LACTUCÉES. Lactuceæ. Cass.

Capitules homogènes, radiatiformes Corolle liguliforme, à cinq dents. Style pubescent vers son sommet. Stigmates filiformes, divergents, arqués en dehors, semi-cylindriques.

Le nom de cette famille rappelle à la fois l'un des genres principaux qui la composent, la *Laitue*, et l'une des qualités les plus générales qui la caractérisent, le suc laiteux qui en humecte toutes les parties. L'analyse chimique y a découvert beaucoup de nitre, du muriate et du sulfate de potasse, du mucilage. C'est à cette composition qu'elles doivent les propriétés médicinales et alimentaires qui recommandent plusieurs d'entr'elles : les *Scolymes*, les *Salsifis*, les*Laitues*, les *Chicorées*

Les Lactucées présentent généralement un phenomène d'excitabilite végétale assez remarquable. Agacez l'épiderme des parties supérieures de la tige ou des bractées et vous verrez le suc laiteux sortir par petits jets du tissu cellulaire (1).

(1) Corrod. sull irritab dell Lattuga. Giorn di Pisa.

Une autre observation physiologique a été faite sur ces plantes : le produit de la sécrétion des racines, analyse par M. Macaire, présente, chez les Lactucées (1), une matière amère, analogue à l'opium, contenant du tannin, une substance gommo-extractive et des sels. On sait que cette excrétion des racines, découverte par Brugmann sur une plante de Pensée, varie, d'après les observations de M. Macaire, d'une espèce à l'autre selon la famille à laquelle chacune appartient. On sait aussi que ces excrétions nuisent aux plantes qui les ont produites, quand on les leur fait absorber, et qu'en général elles nuisent aux plantes de la même famille. C'est la cause pour laquelle les mêmes espèces ne viennent pas bien plusieurs années de suite dans le même sol, et par conséquent la cause du système des assolements, si précieux pour l'agriculture (2).

G. SCOLYME. SCOLYMUS. Tourn.

Aigrette coroniforme. Receptacle garni de paillettes. Capitules sessiles. Corolle scabre en dessous; graine coroniforme. Aigrette nulle ou composée seulement de deux ou trois poils simples.

Les Scolymes, qui croissent dans les terres incultes du bassin méditerranéen, sont de grandes et belles plantes, remarquables par leurs larges feuilles, tantôt vertes, veinées de blanc, tantôt d'un beau jaune; par la grandeur de leurs fleurs qui reposent sur une large touffe de feuilles ou de bractées.

Les racines fusiformes et les jeunes feuilles de ces plantes sont utilisées en Provence comme celles du Salsifis, sous les noms de *Carboussès*, *Carbouilles*, *Épines jaunes*. Elles sont aussi reputées apéritives et diurétiques.

Insectes des Scolymes.

COLÉOPTERE.

Larinus scolymi. Oliv. — Ce Curculionite vit sur les *Scolymes*. Al.

---

(1) Plus exactement chez les Chicoracees.

(2) Alph. De Candol, introd. à la bot.

HEMIPTERE.

Aphis scolymi. Am. — V. Cornouiller.

G. LAITUE. Lacruca. Cass.

Capitules pluriflores; involucre conique, composé d'écailles imbriquées. Réceptacle plan, nu. Graine aplatie ou tétragone. Aigrette composée de poils nombreux, barbellulés, inégaux, soyeux.

La Laitue nous intéresse à bien des titres. Cultivée dans tous les temps, elle s'est modifiée tellement qu'on ne la connaît pas à l'état naturel, tandis que le blé lui-même se retrouve croissant spontanément en Perse. Tous les peuples anciens ont fait mention de la Laitue. Les Hébreux, par la prescription de Moïse, la mangeaient avec l'Agneau pascal. Cambyse, roi de Perse, l'indigne fils du grand Cyrus, avait fait mourir son frère et forcé sa sœur de l'épouser. Un jour, cette princesse se mit à effeuiller une Laitue pommée. « Quel dommage, dit Cambyse, elle était si belle quand elle avait toutes ses feuilles ! » — « Ainsi en est-il de notre famille, répondit-elle, depuis que vous en avez retranché un precieux rejeton. » Cette reflexion fut son arrêt de mort. (*Hérodote.*) Les Grecs avaient conçu des Laitues deux opinions différentes : Les uns les aimaient au point que le philosophe Aristoxène de Cyrène, arrosait de vin et de miel celles de son jardin et les cueillait le lendemain dès l'aurore. Il disait que c'était des gâteaux verts que la terre lui envoyait. Les autres leur attribuaient une propriété tellement sédative, qu'ils en évitaient l'usage et que les Pythagoriciens le prescrivaient. On disait que Venus, à la mort d'Adonis, s'était couchée sur un lit de Laitues pour modérer la violence de sa passion.

Les Romains ont admis la Laitue à leurs tables et l'ont introduite dans leurs vers. Virgile, Horace, Martial, l'ont chantée. Ce dernier l'appelle *le repos de la bonne chère* :

Grataque nobilium requies Lactuca ciborum.

Ailleurs, il demande pourquoi la Laitue, qui autrefois terminait les repas, les commençait de son temps :

> Claudere quæ cœnas Lactuca solebat avorum
> Dic mihi cur nostras incipit illa dapes ?

La culture dont les Laitues etaient l'objet chez les Romains, produisait un grand nombre de variétés : Telles étaient la *Laconique*, la *Cappadocienne*, la *Piéride*, la *Méconide*, la *Caprine*, etc. L'histoire ne nomme pas celles que Dioclétien, après avoir déposé le fardeau de l'empire, cultivait de ses mains, dans ses jardins de Selone.

Les anciens ne reconnaissaient pas seulement les qualités alimentaires des Laitues, ils leur attribuaient un grand nombre de propriétés médicinales. L'empereur Auguste fut guéri de l'hypocondrie par son médecin Musa, en se mettant uniquement à l'usage des Laitues, et, dans sa sobriete connue, il étanchait sa soif en suçant une tige de cette plante.

Les modernes, imitateurs, en bien des choses, des anciens, font le même usage des Laitues, sous le rapport culinaire ; ils les cultivent aussi avec non moins de succès, et nous obtenons des variétes qui probablement ne sont pas inférieures aux leurs. Nous avons la *Pommée*, la *Frisée*, la *Romaine*, le *Chicon*, la *Blonde*, la *Madeleine*, l'*Alphange*, la *Versaillaise*, la *Sanguine*, la *Passion*, etc., etc. Quant a leurs proprietés thérapeutiques, nous en usons peu et le bouillon de veau à la Laitue a presque seul survécu aux nombreux médicaments dans lesquels elle était employée.

Insectes des Laitues.

HEMIPTERE.

Aphis lactucæ. Fab. — V Cornouiller. Fons Col.

LEPIDOPTERES.

Euthemonia russula. Linn. — La chenille de cette Chélonide est garnie de bouquets de poils courts, un peu allongés aux derniers segments. Avant de se transformer elle se construit une coquille lâche et spacieuse. Elle vit sur la *L. sativa*.

Chelonia caja. L. — V. Cerisier. Ibid.

Crateronyx dumite. L. — La chenille de cette Bombycide est epaisse, lente, très-peu velue. Avant sa métamorphose elle s'enferme dans un léger tissu environné de mousse et à la surface de la terre.

Hadena oleracea. Linn. — V. Spartier. La chenille vit sur la *L. scariala.* Hering.

Dianthœcia dysudea. WW. — V. Œillet B.

Noctua plecta. Linn. — V. Fraisier.

Cucullia lactucæ. Esp. — V. Molène. Guen.

Plusia gamma. L. — V. Lonicère B.

G. CHONDRILLA. Chondrilla. Linn.

Capitules pauciflores, presque cylindriques; involucre a deux rangs d'écailles courtes. Réceptacle nu, étroit. Graine allongée en forme de bec. Aigrette composée de plusieurs rangées de soies

Le nom de ce genre, dérivé de *Chondras.* grain, grumeau, fait allusion à la facilité avec laquelle le suc laiteux se grumèle. L'espèce méridionale, dont il est ici question, affecte une forme bien étrangère aux autres Lactucées, celle du Jonc.

Insectes des Chondrilles.

HEMIPTERE

Aphis cardui Fab. — V. Cornouiller. Il se trouve sur le *C. juncea.* Fons Col.

G. LAITRON. Sonchus. Linn.

Capitules multiflores; involucre ovoïde, a écailles imbriquées, obtuses, un peu membraneux aux bords. Réceptacle nu, alvéolé. Graine aplatie. Aigrette composee de poils soyeux, nombreux, inégaux, barbellulés.

Les Laitrons, aux sucs laiteux, amers, etaient employées autrefois comme apéritives et rafraîchissantes; nous en mangeons encore les racines et les jeunes feuilles, en hiver; mais leurs noms vulgaires de *Salade de Lapin*, de *Pelais*, de *Lièvre*, indiquent une de leurs principales destinations.

Insectes des Laitrons.

COLÉOPTÈRE.

Cantharis sonchi. Linn. — Elle vit sur le *S. arvensis*. Br.

HÉMIPTÈRES.

Trama troglodytes. Heyden. — Il vit sur les racines des *Sonchus*. Amyot.

Aphis cardui. Fab. — V. Cornouiller. Il vit sur le *S. oleraceus*. Fons Col.

Aphis sonchi. Linn. — V. Ibid Ibid. Br.

LÉPIDOPTÈRES.

Acronycta rumicis. Linn. — V. Tilleul. Br.

Orthosia ambigua. H. — V. Houx. Br.

Dianthæcia chi. Linn.— V. OEillet. Br.

Actebia prœcox. Linn — La chenille de cette Noctuélide est lisse, à tête *globuleuse*. Elle vit sur le *S. oleraceus* et s'enfonce dans la terre sans construire de coque.

Agrotis suffusa. Fab. — V. Bruyère. Br.

Cucullia umbratica. Linn. — V. Molène.

Abrostola triplasia. Linn. — V. Asclépiade. Br,

DIPTÈRES.

Ensina (Trypeta. Meig.) sonchi. — Suivant Linnée, la larve de cette Téphritide se développe dans le péricarpe de la graine du *S. arvensis*

Phytomyza lateralis. Macq. — V. Houx. La larve mine les feuilles du *S oleraceus*, dans lesquelles elle creuse une galerie filiforme, s'élargissant à mesure qu'elle s'éloigne de son origine. Elle y vit solitaire. Goureau.

G. PIERIDIE. PIERIDIUM Desfont.

Capitules multiflores, terminaux. Involucre à plusieurs rangs d'écailles imbriquées, scarieuses à leur bord. Réceptacle plan, nu et lisse. Graine aplatie, amincie vers le haut; aigrette pileuse.

Ce genre ne présente guères d'intérêt que dans une espèce, *P. vulgare*, du midi de la France, dont les feuilles, d'une saveur agréable, sont alimentaires comme salade. Ainsi qu'en Italie, elle y porte le nom vulgaire de *Terre grépie* (*terra crepida*), dont j'ignore l'origine.

Insectes des Pieris

HÉMIPTÈRES.

Aphis pieridii. Fab. — V. Cornouiller. Am.
Coccus pieridii. Fons Col. — V. Tamarisc.

G. ANISODERIS. Anisoderis. Cassini.

Capitules multiflores. Involucre caliculé, campanule, composé d'écailles subfoliacées, égales, oblongues. Réceptacle plan, fimbrillifère. Graine allongée, amincie vers le haut; aigrette composée de poils soyeux, nombreux, plurisériés, barbellulés.

Ce genre, détaché des *Berkhausia*, ne se fait guère remarquer que par l'odeur très-pénétrante, analogue à celle du *castoreum*, qu'exhale l'*A. fœtida*.

Insectes des Anisoderis.

HÉMIPTÈRE.

Aphis cardui. Fab. — V. Cornouiller. Il vit sur l'*A.* (*crepis*) *fœtida*. Fons Col.

G. PRÉNANTHE. Prenanthes. Vaillart.

Capitules pauciflores; involucre cylindrique, de quatre à cinq folioles egales, oblongues, presque foliacées, munies à leur base de quelques écailles surnuméraires. Graine courte, amincie à la base. Aigrette sessile, longue et plumeuse.

Nous ne mentionnons de ce genre que le *P. muralis*, qui recherche tellement les sols secs et arides, que nous ne le trouvons croissant que dans les interstices des rochers et que sur les vieux murs. Il n'est guère possible d'occuper moins de place dans la nature. Ses petites fleurs jaunes, aussi économes du temps que la plante d'espace, sont éphémères au point de s'ouvrir à huit heures du matin et de se fermer à quatre heures du soir, pour ne plus se r'ouvrir. Elle tient une place dans l'horloge de Flore.

Insectes des Prénanthes.

LEPIDOPTÈRE.

Cucullia prenanthis. B. D. — V. Molène. Il vit sur le *Prénanthe*. Guén.

G. PISSENLIT. TARAXACUM. Hall.

Capitules multiflores; involucre caliculé, campanulé, composé d'écailles foliacées, égales, oblongues. Réceptacle plan, nu. Graine brusquement acuminée et rétrécie en long col filiforme. Aigrette composée de poils soyeux, multisériés, barbellulés.

Cette plante, dont le nom grec traduit tant bien que mal le nom français, nous rappelle le plaisir enfantin de souffler sur les fleurs en graines, dont les aigrettes aussi légères qu'élégantes, se dispersent dans les airs; elle nous est utile par les vertus apéritives, dépuratives, de ses sucs, par les propriétés alimentaires de ses racines et de ses jeunes feuilles; elle nous intéresse par le phénomène météorique que nous présentent chaque jour ses fleurs: avant la floraison, les folioles qui se pressent contre l'involucre, sont à l'abri des variations atmosphériques; au moment de l'épanouissement, elles se séparent les unes des autres, se dilatent et présentent au soleil leur disque doré. Chaque soir, et au plus léger sentiment de pluie ou seulement d'une humidité trop abondante, elles se serrent et reprennent leur première position, pour étaler de nouveau leur fleur aux rayons de l'astre du jour. (Thib. de Bern.)

Enfin, la forme des feuilles a fait donner à la plante le nom vulgaire de *Dent de Lion*, et nous la retrouvons reproduite, arquée en crochet, dans les sculptures et sur les vitraux du moyen-âge.

Insectes des Pissenlits.

COLEOPTERES.

Phytonomus taraxaci. Dahl. (P. Dissimilis Herbst.) — V. Phragmite.

Cryptocephalus lætus. Fab. — V. Cornouiller. Il vit sur le *Leontodon taraxacum*. Suffr.

HEMIPTERE.

Trama troglodytes. Heyd. — V. Laitron.

LEPIDOPTERES.

Syntomis phœgea. Linn. — V. Chêne. La chenille se nourrit, entr'autres plantes, du *P. commun*. Héring.

Chelonia plantaginis. L. — V. Cerisier. La chenille se nourrit aussi du *P. commun*.

Dasychira ascelina. Linn. — V. Noyer. Ibid. Br.

Crateronyx dumeti. L. — V. Laitue. Ibid. B.

— taraxaci. Fab. — V. Ibid. Br.

Anchoscelis humilis. Fab. — V. Prunier. Br.

Orthosia ambigua. H. — V. Houx. B.

Cosmia cuprea. Freyer. — V. Prunier. La chenille se nourrit aussi du *P. taraxacum*. Fr.

Leucania pallens. Linn. — V. Neflier. - Aubépine. Br.

Caradrina taraxaci. H. — V. Orge. Br.

Polia occulta. Freyer. — V. Asphodèle.

Scotophila livida. Fab. — La chenille de cette Amphipyride vit du *P. commun*. Elle est lisse, atténuée aux deux extrémités. Elle se construit une coque informe de débris de végetaux retenus par quelques fils.

Herminia tentacularis. W. W. — La chenille de cette Pyralide vit du *P. commun*. Elle est garnie de petites verrues surmontées chacune d'un poil ; elle a seize pattes. Avant de se transformer, elle s'enveloppe d'un tissu semblable à du crêpe.

DIPTÈRE.

Tephritis leontodontis. Deg. — La larve de cette Muscide se nourrit de la graine du *Pissenlit*.

G. EPERVIÈRE. Hieracium.

Capitules multiflores. Involucre campanulé, composé d'écailles, bi ou plurisériées, inégales, imbriquées, foliacées, sublinéaires. Réceptacle plan, alvéolé. Graines cylindracées, non stipulées, tronquées au sommet. Aigrettes composées de poils raides, filiformes, barbellulés.

Ces plantes doivent leur nom grec et français à une erreur des anciens qui croyaient que les Eperviers (hierax) se guérissent des maux d'yeux en y répandant le suc qu'ils expriment au moyen de leurs ongles. On leur attribuait bien d'autres propriétés encore auxquelles on ne croit plus, Cependant elles sont reconnues pour être vulnéraires et détersives.

Insectes des Epervières.

COLEOPTÈRES.

Acmæodera pilosellæ. Bonelli. — Il vit sur les fleurs de l'*H. pilosella*. Ghiliana.

Strophosomus faber. Herbst. (Curculio pilosellus. Gyll.) — Ce Charençon vit sur la *Piloselle*.

Mylabris hieracii. Graells. — V. Genêt blanc. Il vit sur les *H. pilosella* et *cartilianum*.

Cassida thoracica. Kug. — V. Peuplier. Il vit sur l'*Hieracium*. Suffr.

Cryptocephalus sericeus. Linn. — V. Cornouiller. Suff.

HYMÉNOPTERE.

Cynips hieracii. L. — V. Erable. Il vit sur l'*H. murorum*, dans des galles velues de la tige. Br.

HÉMIPTERES.

Rhizobius (aphis) pilosellæ. Burm. — Ce Puceron vit sur les racines de la *Piloselle*.

Coccus pilosellæ. Linn. — V. Tamarisc. Br.

LÉPIDOPTÈRES.

Melitœa cinxia Fab. — V. Peuplier. Br.

Zygæna minos. W. W. (Z. pilosellæ.) — V. Cytise.

Clisiocampa castrensis. L. — V. Pommier.

Orthosia cœcimacula. Fab. — V. Houx. La chenille vit sur les *Eperviéres*. Bell. de la Chev.

Cucullia balsamilæ. B. — V. Molène. La chenille vit sur l'*Epervière*. Freyer.

Pterophorus hieracii. Zeller. — V. Rosier. La chenille vit sur le *H. umbellatorum*. Zell.

Pterophorus pilosellæ. Zell. — V. Ibid. La chenille vit sur les tiges assez sèches du *H. pilosella*. Zell.

Pterophorus tristis. Zell. — V. Ibid. La chenille vit sur le *H. pilosella*. Zell.

Pterophorus obscurus. Zell. — V. Ibid. La chenille vit sur le *H. pilosella*. Zell.

Pterophorus scarodactylus. Zell. — V. Ibid. La chenille vit sur les fleurs des *H. umbellatorum* et *boreale*. Zell.

DIPTÈRES.

Cecidomyia sanguinea. Bremi. — V. Groseiller. La larve mine les feuilles du *H. murorum*. Brem.

Tetanocera hieracii. Fab. — V. Lenticule. Cette Muscide vit sur les *Hieracium*.

Tephritis reticulata. Schr. — V. Berberis La larve se développe dans les fleurs des *H. sylvaticum* et *sabaudum*. Boie.

Tephritis gemmata. Wied. — V. Ibid. Sur les fleurs de *H. sebaudum*.

Tephritis pupillata. Hatten. — V. Ibid. Sur le *H. sylvaticum*. Meig.

G HYPOCHAERIDE. Hypochaeris. Vaill.

Capitules multiflores Involucre composé de plusieurs rangees de folioles imbriquées. Réceptacle plan, chargé de paillettes membraneuses, linéaires. Graines surmontées d'un bec. Aigrettes à deux rangs de poils ; ceux du rang extérieur courts ; ceux du rang intérieur plus longs et plumeux.

L'Hypochæride, que nous trouvons sur les collines arides, dans les bruyères, est remarquable par son épaisse racine, par la touffe en rosette de ses feuilles radicales, sinueuses, ordinairement hérissées, du milieu desquelles s'élève sa haute tige nue, ne portant que quelques petites écailles herbacées et se renflant vers l'extrémité, sous les fleurs

L'avidité avec laquelle les Porcs recherchent les racines de cette plante, a donné lieu au nom vulgaire de *Porcelle.*

Insectes des Hypochæris.

COLÉOPTÈRES.

Cryptocephalus hypochœridis. Linn. — V. Cornouiller. Il vit sur l'*Hypochœris maculata*. Suffr. Br.

Cryptocephalus sericeus. Linn. — V. Ibid. Suff.

G. SALSIFIS. TRAGOPOGON. Linn.

Capitules multiflores. Involucre conique, composé d'écailles égales appliquées, soudées par leur base, réfléchies lors de la maturité. Receptacle nu, plan, favéole. Graines subfusiformes, longuement rostrées. Aigrette caduque, composée de soies nombreuses, raides, filiformes.

Les Salsifis, dont le nom grec fait allusion à l'aigrette en barbe de bouc qui surmonte la graine, sont des plantes dont les racines, remplies de sucs doux et nutritifs, nous offrent non-seulement un aliment agréable, mais encore un remède contre les affections cutanées et de poitrine. On les confondrait facilement avec la Scorzonère, d'origine espagnole, si elles ne se distinguaient par l'écorce blanche des racines.

Le *Salsifis des prés* occupe dans l'histoire romaine une place qu'on s'attend peu à lui trouver. Suivant l'écrivain allemand

Ehrart, l'armée de Jules César, cernée par les soldats de Pompée, vécut pendant quelque temps des racines de cette espèce de Salsifis. En admettant ce fait, il dût se passer dans la plaine de Pharsale, avant la bataille qui adjugea la République à César, et l'on peut croire que sans le moyen de subsistance qu'y trouva l'armée cernée, Pompée eut été vainqueur et que Rome n'eut vu ni les proscriptions d'Octave, ni le règne réparateur d'Auguste, ni ceux des Tibère et des Néron. Mais non, les temps étaient accomplis ; l'ancien monde avait comblé la mesure de l'iniquité, les soixante-dix semaines prédites par Daniel étaient écoulées, le Désiré des nations allait naître pour racheter les hommes, et la Providence avait ainsi tout préparé pour la régénération du monde.

Insectes des Salsifis.

LÉPIDOPTÈRES.

Scotophila tragopogonis. Linn. — V. Pissenlit. La chenille vit sur le *T. pratense*. Vill.

Heliothis dipsacea. L. — V. Coudrier. Br.

DIPTÈRE.

Tephritis radiata. Fab. — V. Berberis. La larve vit sur le *T. pratense*. Meig.

G. CHICOREE. CICHORIUM. Tourn.

Capitules multiflores. Involucre foliacé, cylindrique, composé d'écailles linéaires-lancéolées, égales, recourbées après la floraison. Réceptacle plan, alvéolé, fimbrilleux. Graines non stipulées, glabres, prismatiques. Aigrettes très-courtes, composées de paillettes scarieuses.

Les Chicorées portent trois noms primitifs qui paraissent aussi anciens l'un que l'autre : *Cichorium* dérive du nom égyptien *Kixocion* (voyez Hesychius,) et s'applique à l'espèce sauvage ; *Sorin*, également égyptien, devient *Seris* en grec, et désigne l'espèce cultivée, et s'est modifié en *Seriola*, Scarole. *Endeba*,

Humbebe, *Dumbabe* est le nom arabe, *Intybus* en latin. *Endivia* en italien et en espagnol, *Endive* en français, se disent aussi de l'espèce cultivée. Ajouterons-nous à cette synonymie les noms vulgaires de *Barbe de Capucin*, de *Cheveux de Paysan*, que l'on donne à la Chicorée sauvage, en salade?

La grande faveur dont jouissent toujours ces plantes, est due à leurs vertus médicinales autant qu'à leurs propriétés alimentaires. Sous le premier rapport, la Chicoree sauvage est *l'amie du foie*, suivant l'expression de Galien; elle est de plus, apéritive, dépurative et stomachique. Comme aliment, elle est, avec l'espèce cultivee, au nombre des plantes potagères les plus utiles, les plus estimées, les plus agréables. Elle paraissait sur la table d'Horace comme sur les nôtres :

. . . . me pascunt Olivæ
Me Cichorea, levesque Malvæ.
Lib 1. Od. 31.

L'honneur de cette mention doit la consoler du rôle ridicule et odieux qui lui a eté infligé depuis quelques années, de remplacer le cafe, le cafe! bon Dieu! sans son arôme et sans son esprit. Que dirait Horace?

Insectes des Chicorées.

COLEOPTERES.

Agrilus rubi. Fab. — V. Vigne. Il vit sur la *Chicorée*.

Clytus gazella. Fab. — V. Erable-Sycomore. Il vit sur la *Chicorée*. Suffr.

Clytus trifasciatus. Fab. — V. Ibid. Suffr.

Anthaxus cichorii. Oliv. — V. Cerisier.

Cassida sanguinolenta. Fab. — V. Peuplier. La larve vit sur la *C. sauvage*. *C. intybus*. Suff.

Cryptocephalus rugicollis. Oliv. — V. Cornouiller. Sur les *Chicoracées*. Suff.

HYMÉNOPTÈRE

Thrips physepus. Linn. — V. Vigne. Il vit sur les fleurs des *Chicoracées*.

LÉPIDOPTÈRES.

Crateronyx dumeli. L. — V. Laitue. Il vit aussi sur les *Chicorées*.

Agrotis corticea. W. W. — V. Bruyère. M. Bellier de la Chav. en a élevé la chenille avec des feuilles de *Chicorées*.

TRIBU.

CARLINÉES. Carlineæ. Cass.

Capitules homogènes ou hétérogènes. Corolle des fleurs hermaphrodite régulière ou irrégulière, tubuleuse, 5-fide. Etamines à filets glabres. Style peu ou point renflé au sommet. Stigmates courts, obtus, confluents vers leur base.

Cette tribu nombreuse et diversifiée en plantes exotiques, l'est très-peu en européennes. Nous n'avons à mentionner, sous le rapport entomologique, que les genres Xérantheme et Carline.

G. XÉRANTHÈME. Xeranthemum. Tourn.

Capitules multiflores, hétérogames, discoïdes. Involucre à écailles imbriquées, scarieuses, apiculées. Réceptacle plan, garni de paillettes cartilagineuses, opaques, subulées. Fleurs de la couronne, stériles, ananthères, irrégulières; corolle bilabiée. Fleurs du disque, hermaphrodites, régulières; corolle tubuleuse. Graines turbinées; aigrette composée de cinq paillettes scarieuses.

Le *Xéranthème* est l'*Immortelle à fleurs radiées* qui partage avec le *Gnophitium helychrysum* et plusieurs autres plantes, le rare privilége, parmi les fleurs, de ne pas se faner, par la nature membraneuse des parties de la floraison. Cette qualité l'a fait adopter pour en parer les tombeaux comme emblème, trop souvent trompeur, de la durée des regrets et de la douleur; mais aussi comme figure religieuse de l'immortalité de l'âme.

Insectes des Xéranthemum.

LÉPIDOPTÈRE.

Cucullia xeranthemi. Ramb. — V. Molène. Il vit sur le *X*. Guén.

G. CARLINE. Carlina. Cassini.

Capitules multiflores, homogènes. Involucre double; l'extérieur composé d'écailles imbriquées, spinescentes au sommet; l'inférieur formé d'écailles radiantes, colorées, inermes. Réceptacle plan, hérissé de fimbrilles, coriaces, inégales. Graines cylindracées, soyeuses. Aigrettes formées de dix faisceaux égaux, contigus, libres; chaque faisceau composé d'environ quatre soies plumeuses.

La *Carline Chardrousse* est non-seulement une des plantes les plus remarquables des Alpes et des Pyrénées par l'élégance de son port, par la beauté de ses grandes feuilles, dessinées comme celles de l'Acanthe, chatoyantes comme la peau du Caméléon, dont on lui a donné le nom, par les amples dimensions de ses fleurs, elle nous intéresse encore par ses qualités et ses propriétés; elle est hygrométrique dans les écailles de son calice, qui sont conniventes lorsque l'atmosphère est chargé d'humidité, tandis qu'elles s'épanouissent lorsque l'air est sec. Les fleurs fournissent aux montagnards un aliment analogue à l'Artichaud; elles ont aussi la propriété de faire cailler le lait. Enfin les racines étaient autrefois un remède souverain contre les maladies pestilentielles. Un ange, dit-on, en révéla la vertu à Charlemagne, après le désastre de Roncevaux, pour la guérison de son armée, et la plante reçut le nom de l'empereur.

Insectes des Carlines.

COLÉOPTÈRES.

Corœbus amethystinus. Ol.— Ce Sternoxe vit sur le *C. corymbosa*. Jacquelin. D.

Larinus carlinæ. Oliv.— Ce Curculionite vit sur la *Carline*.

— ursus. Fab. — Ibid. Sur le *C. corymbosa*.

LÉPIDOPTÈRE.

Syrechtus carlinæ. Ramb. — La chenille de cette Hespéride paraît se retirer dans les tiges creuses pour y passer l'hiver et s'y transformer.

TRIBU.

CENTAURIÉES. Centaurieæ. Cass.

Capitules ordinairement hétérogames, radiées. Fleurs radiales neutres, généralement irrégulières. Corolle des fleurs hermaphrodites tubuleuse, 5-fide. Etamines à filets poilus ou papilleux. Stigmates articulés au style.

Cette tribu, qui se place naturellement entre les Carlinées et les Carduinées, n'est pas fort considérable; mais elle contient le genre Centaurée, dont elle a tiré son nom, et ce genre est très-important, tant par le nombre des espèces dont il est composé que par les diverses modifications qu'il présente. Il ne compte pas moins de vingt-huit sous-genres dans le grand travail sur les Synanthérées, par M. Cassini, ce profond botaniste, qui porte si dignement un nom cher aux sciences.

G. CENTAURÉE. Centaurea. Linn.

Capitules radiées. Involucre non radiant; écailles coriaces, imbriquées. Fleurs de la couronne à corolle infundibuliforme, irrégulièrement 3-7-fide. Fleurs du disque à corolle régulière. Graines comprimées. Aigrettes doubles, l'externe composée de cinq stries de paillettes; les extérieures, petites, obtuses; l'aigrette interne, de dix paillettes.

Ce genre, fort nombreux et diversifié, comprend des espèces très-connues à des titres divers. Nous citerons d'abord la *Centaurée étoilée*, *chausse-trape* dont les Israélites assaisonnaient l'agneau pascal, ce que font encore les Arabes. Nous mentionnerons ensuite la *Grande Centaurée*, *Centaurea Centaurium*. Il est à remarquer que le premier de ces deux noms est latin, et le second grec, et en même temps arabe, car on ne peut douter que *Chanturion Kibir* ou *Sacurion habre*, ne soit le même, très peu altéré. Lequel de ces noms, grec et arabe, provient-il de l'autre? Nous sommes porté à croire que le nom arabe a été emprunté du grec par les médecins arabes du moyen-âge, et que le nom grec dérive, comme le nom latin, du Centaure, précepteur d'Achille, qui employa cette plante pour le guérir d'une blessure qu'il s'était faite au pied avec une flèche d'Hercule.

Nous nommerons encore la *Centaurée Jacée*, si commune dans nos prairies, et dont l'extrême amertume révèle la vertu astrin gente.

Enfin nous ne pouvons passer sous silence la *Centaurée musquée*, qui flatte notre odorat, et surtout le *Bleuet* qui charme nos yeux dans nos moissons, dans nos jardins, qui se tresse en couronnes si gracieuses sous les doigts de la jeune fille

Insectes des Centaurées :

COLÉOPTÈRES.

Corœbus cylindricus. Lap. — Voyez Carline. Il vit sur la *J. aspera*. Jacques Duv.

Xyletinus testaceus. Creutz.— V. Lierre. Sur la *J. aspera*. J. D.

Larinus jaceæ Fab. — V. Scolyme. J. D.

— confinis. Dej. — V. Ibid. J. D.

— ferrugatus. — V. Ibid J. D.

Cassida margaritaria. Schill. — V. Peuplier. Elle vit sur la *J. scabiosa*. Suffr.

Cryptocephalus sericeus. Linn. — V. Cornouiller. Il vit sur la *J. Centaurée*. Suff.

Chrysomela molluginis. Dehl. — V. Saule. Sur la *Cent. scabiosa*.

Chrysomela rugulosa. Suff. — V. Ibid. Sur la *Cent. jacea*. Suff.

Chrysomela centaureæ. Fab. — V. Ibid.

HÉMIPTÈRES.

Aphis isatis. Fons Col. — V. Cornouiller. Il vit sur la *J. Chausse-trape*.

Aphis cardui. Fab. — V. Ibid. Sur la *J. collina*. Fons Col

— jacuæ. Linn. — V. Ibid. Br.

Physepus atratus. Halyd. — V. Vigne.

LÉPIDOPTÈRES.

Argynnis pandora. Esp. — V. Citronnier. Il vole sur la *Centaurée*. Graslin.

Syrichtus centaureæ. B. — V. Carline.

Zygœna centaureæ. Fisch. — V. Cytise.

Clisiocampa castrensis. Linn. — V. Pommier.

Heliothis dipsaceæ. Linn. — V. Coudrier.

Eupithecia centaurearia. B. — Tamarisc.

Hœmilis (Depressaria. Zell.) arenella. W. W. — V. Spartier. La chenille vit sur la *Cent. macrocephala*, dans le Dessau.

Pterophorus acanthodactylus. Tr. — V. Rosier. La chenille vit sur la *Cent. jacea*. Zeller.

DIPTÈRES.

Urophorus solsticialis. Fab. — V. Cerisier. La larve se développe dans les capsules de la *Cent. jacea*. Boie.

Urophorus onotrophis. — V Ibid. dans les capsules des *Cent. jacea* et *cyanea*. Boie.

Urophorus cornuta. Fab.— V. Ibid, dans les capsules du *Cent. scabiosa*. Boie.

Urophorus centaureæ. Fab. — V. Ibid.

— 4 fascula. Meig.—V. Ibid. Sur la *Cent. cyanea*. Gour.

G. CNICUS. Cnicus. Vaill.

Capitules multiflores, discoïdes. Couronne pauciflore, involucre ovoïde, accompagnée d'un collerette, de grandes bractées foliacées ; écailles imbriquées, surmontées d'une épine. Fleurs de la couronne à corolle plus courte que celles du disque ; corolle infundibuliforme, graines ovales, couronnées d'un bourrelet. Aigrette double, caduque.

Le Cnicus, *Chardon bénit*, a reçu cette qualification de nos pères, en reconnaissance des vertus dont ils éprouvaient les effets, et qui n'ont rien perdu de leur réputation. Les fleurs en sont éminemment toniques et fébrifuges.

Insectes des Cnicus :

COLÉOPTÈRE.

Cassida nebulosa. Fab.—V. Peuplier. Il vit sur les *Cnicus* Br

HÉMIPTÈRE.

Aphis cardui. Fab. — V. Cornouillier. Il vit sur le *C. spinosissimus*. Fons. Col.

LÉPIDOPTÈRE.

Tortrix ambiguana. Frohl. — V. Lierre. Il sort des fleurs du *C. oleraceus*.

DIPTÈRES.

Lophosia fasciata. Baumhaun. — Baumh. l'a prise sur le *C. palustris*.

Tephritis onotrophis. Meig. — V. Berberis. La larve se développe dans les capsules des *C. oleraceus* et *palustris*. Boie.

Tephritis flava. Geoff. — V. ibid. Boie l'a obtenue des têtes de fleurs du *C. palustris*.

Tephritis winthemi. Meig. — V. ibid. Même observation.
— gemmata. Wied. — V. ibid. Même observation.
— arnicæ. Linn. — V. ibid. Sur le *C. palustris*. Meig.
— stylata. Fab. — V. ibid. Sur le *C. lanceolatus*. Meig.
— solsticialis. Linn. — V. ibid. Sur le *C. lanceolatus*. Meig.

G. KENTROPHYLLUM. KENTROPHYLLUM. Deck.

Capitules hétérogames. Fleurs radiales neutres, généralement irrégulières, corolle des fleurs hermaphrodites, tubuleuse, 5-fide. Aigrettes ordinairement simples, composées de paillettes rétrécies vers la base, dentées.

Insectes des Kentrophyllum :

COLÉOPTÈRE.

Larinus flavescens. Sch. — V. Carline. Il vit sur le *K. lanatum*. Jacquel. Duv.

TRIBU.

CARDUINÉES. *Carduineæ.* Cassini.

Capitules homogames ou hétérogames, sans couronne. Fleurs radicales souvent neutres. Corolle tubuleuse, 5-fide. Graines non perispermées, dressées.

Cette tribu est composée en grande partie du genre *Chardon*. de Linnée, qui a été savamment démembré, surtout par Cassini, digne héritier d'un nom célèbre. Les genres *Onoporde*, *Silybe*, *Cynare*, *Cirse* et un grand nombre d'exotiques, présentent les principales modifications du type, et, de plus, les genres *Carthame*, *Serratule*, *Bardane*, viennent se ranger dans la tribu dont ils offrent aussi les caractères.

Ces plantes se recommandent par un grand nombre de propriétés utiles. Ce sont tantôt des vertus médicinales préconisées par les anciens, mais tombées en désuétude ou au moins dans le domaine de la médecine domestique ; tantôt des qualités alimentaires comme les *Artichaux*, les *Cordons* ; ou tinctoriales, comme les *Serratules*, ou oléagineuses comme les *Carthames*.

Ces plantes sont pour la plupart douées aussi d'une excitabilité remarquable dans les étamines qui se déjettent subitement, au moindre attouchement, comme nous l'observons dans le *Berberis*, le *Cactus opuntia*.

Ce qui caractérise le plus distinctement les *Chardons*, ce sont les épines dont ils sont hérissés, formées par les extrémités endurcies des feuilles, de leurs folioles et de chacun de leurs lobes ; elles protégent ces plantes contre les attaques des animaux. Un seul les brave, c'est l'humble, le patient auxiliaire de la petite agriculture. Elles font aussi de ces plantes des forteresses en faveur des animaux faibles contre les forts. C'est ainsi que le charmant petit oiseau qui doit son nom au Chardon, lui doit en même temps un abri pour défendre son nid, et un moelleux duvet que lui fournissent les aigrettes des graines, pour y déposer ses œufs, sa douce et frêle espérance.

Cependant, autant le Chardon a une destination utile dans l'économie générale de la nature, autant il est nuisible à l'agriculture, par l'envahissement du sol aux dépens des cultures, s'il n'y est pas mis obstacle, si l'*échardonnage* n'est pas exécuté rigoureusement et encore la dissémination aérienne des graines et les racines qui ne peuvent jamais être extirpées complètement, rendent-elles toujours insuffisante la loi de proscription prononcée contre lui.

G. CARTHAME. Carthamus. Tourn.

Capitules hétérogames, sans couronne; involucre ovoïde; écailles coriaces, les extérieures très courtes, surmontées d'un grand appendice foliacé, étale. Corolle régulière, à tube grêle. Graines turbinées, aigrettes nulles.

Le *Carthame officinal*, type de ce genre, originaire, dit-on, de l'Orient et naturalisé sur les bords de la Méditérannée; s'y rend utile sous trois rapports : il présente des propriétés médicinales, oléagineuses et tinctoriales; les anciens le reconnaissaient déjà comme un excellent fébrifuge; dans plusieurs contrées de l'Inde, on exprime de la graine une huile qui est alimentaire; les fleurs contiennent deux substances colorantes très-distinctes, l'une jaune dans l'eau, l'autre rouge, soluble dans les alcalis.

Cette propriété, qui a fait donner au Carthame le nom vulgaire de *safran bâtard*, était déjà connue des anciens. Théophraste désigne cette plante sous le nom de *Knekus ;* l'un des usages de la couleur rouge est d'en composer le cosmetique appelé *rouge végétal* : les femmes arabes en font leur fard, dont le nom, *Gartum*, est devenu Carthame, en français, par altération.

Insectes des Carthames :

COLÉOPTÈRES.

Cetonia aurata. Fab. (Carthami) Dahl. — V. Rosier.

Larinus oblongus. Dej. (L. *Carthami.* Lat.) — V. Carline.

LEPIDOPTÈRE.

Syrichtus carthami. O. — V. Carline.

G. SERRATULE. Serratula. Linn.

Capitules homogames, unisexuels, involucre conique; écailles mucronulées, les extérieures courtes, coriaces; les intérieures longues, colorées, membraneuses. Corolle infundibuliforme, 5-fide. Fleurs femelles à étamines stériles. Graines oblongues, comprimées. Aigrettes composées de soies scabres, caduques.

La *Serratule des teinturiers*, vulgairement *Serrète*, fut longtemps la rivale du *Pastel*, la *Guède*, qui, après l'avoir supplanté, le fut lui même par l'*Indigo*. Cependant il lui reste quelque vestiges d'utilité, et si on ne la cultive plus, on va la recueillir quelquefois, sur les collines incultes, dans les clairières des forêts.

Des propriétés médicinales étaient attribuées autrefois à la Serratule qui etait employée comme détersive, astringente et vulnéraire. Ses vertus salutaires sont dédaignées aujourd'hui comme ses propriétés tinctoriales.

Le nom de Serratule paraît avoir été emprunte, par Linnee, à une plante qui, citee par Matthiole, passait de son temps pour une espèce de *Bétoine* à feuilles dentelées.

Insectes des Serratules :

COLÉOPTÈRE.

Glaphyrus serratulæ. Lat. — Ce Lamellicorne fréquente les *Serratules*.

HÉMIPTÈRES.

Aphis serratulæ. Linn. — V. Cornouiller.
— isatis. Fons Col. — V. ibid. Il vit sur la *S. arvensis*.
— cirsii. Linn. — V. ibid. Sur la *S. arvensis*.
Coccus serratulæ. Linn.—V. Tamarisc Il vit sur la *S. arvensis*.
— picridis. Fab. — V. ibid. Même observation.

LÉPIDOPTÈRES.

Syrichtus serratulæ. Rumb. —V. Carline. En Espagne. Rumb.

Calocampa exoleta. Linn. — V. Fétuque. Br.

DIPTÈRES.

Pegomyia hyoscyami. Meig. — Cette Anthomyzide fréquente les fleurs des *Serratules*.

Tephritis cardui. Meig. — V.. Berberis. Il vit aussi sur le *S. arvensis*.

Tephritis serratulæ. Meig.—Cette Téphritide sur le S. *arvensis*.

G. BARDANE. Arctium. Linn.

Capitules homogames. Involucre globuleux ; écailles imbriquées, appliquées, oblongues. Corolle infundibuliforme, 5-fide. Graines serrées, oblongues, comprimées. Aigrettes courtes, caduques, composées de soies filiformes, barbellulées, plurisériées.

Les Grecs donnaient à la *Bardane officinale* plusieurs noms qui se rapportaient aux qualités de cette plante. Celui d'*Arction* faisait allusion à la rudesse des barbes dont le calice est hérissé et qui ont été comparées *au poil de l'Ours* (*arctos*). Celui de *Lappa* provient des écailles de ce calice qui, terminées en hameçon, *s'accrochent* (*labein*) à tous les corps en contact avec elles. Celui de *Prosopeion*, en latin *Personata*, signifie le masque que les acteurs et les chanteurs se faisaient de ses feuilles.

Le nom français *Bardane* a été interprété dans un sens analogue, en le dérivant des *Bardes* qui, masqués des mêmes feuilles, allaient chanter leurs fabliaux.

En présentant cette étymologie de la Bardane, on a prévu qu'elle pourrait n'être pas admise, et l'on en a mise une seconde en avant, en admettant que la feuille de cette plante est assez grande pour servir de housse ou caparaçon, (*Barda* en italien) ce qui rappelle ce passage de Rabelais : « Je m'estois caché dessoubs une feuille de Bardane qui n'estait moins large que l'arche du pont de Montrible. »

La Bardane, connue vulgairement en France sous les noms de *Glouteron* et d'*Herbe à la teigne*, doit sa popularité non seulement à ce qu'elle se rencontre partout, mais encore à ses propriétés utiles; employées par les anciens contre les ulcères, elle l'est encore avec succès; elle contribua puissamment à guérir de la syphilis le roi Henri III. Linnée considérait la graine comme purgative; à ses vertus médicinales elle joint des qualités utiles à l'économie domestique : ses racines peuvent servir d'aliment comme celles du Salsifis, ses jeunes pousses comme l'Asperge; elles donnent beaucoup d'amidon et peuvent, comme la Saponaire, servir à nettoyer le linge; l'écorce des tiges peut se convertir en papier, et toutes les parties de la plante en potasse.

Cependant la Bardane, recommandable à tant de titres, est nuisible aux pâturages, et Virgile, dans ses Géorgiques conseille de l'en extirper.

Insectes des Bardanes :

COLEOPTÈRES.

Curculio bardanæ. Linn. — V. Il vit sur l'*A. lappa.*

Cassida rubiginosa. Zell. — V. Peuplier. Sur l'*A. lappa.*

HYMÉNOPTÈRE.

Tenthredo intercus. Linn. — V. Groseiller. Br.

HÉMIPTÈRE.

Aphis isatis. Fons Col. — V. Cornouiller. Sur l'*A. lappa.*

LÉPIDOPTÈRES.

Hadena lappæ. Dalm. — V. Spartier. Elle vit sur l'*A. lappa.* Guénée.

Hadena furva. W. W. Ibid.

Gortyna flavago. Esp. — La chenille de cette Noctuélide est vermiforme, munie de plaques écailleuses sur le premier et le douzième segments. Elle vit dans l'intérieur des tiges dont elle mange la moelle, et elle y subit sa transformation.

Polia dysadea. Fab. — V. Asphodèle. La chenille se nourrit de l'*A. lappa* dans le Dessau.

Penthina dealbanæ. Froht. —V. Erable. Von Prittwitz.

Larentia dubitaria. B.—V. Tamarisc. Von Prittwitz.

Tinea ganomella. Tisch. — V. Clematite. La chenille vit dans les têtes de l'*A. lappa*. Von Prittwitz.

Hæmelis aremella. Fab. — La chenille de cette Tinéide vit et se métamorphose entre des feuilles qu'elle réunit par des fils.

Pterophorus galactodactylus. Zell. — V. Rosier. La chenille se nourrit des feuilles de l'*A. lappa*. On en trouve jusqu'à vingt sur une seule plante. Elle se tient toujours sur les nervures.

DIPTÈRES.

Tephritis cognata. Wied. — V. Berberis. La larve vit dans les fleurs de l'*A. lappa*. Boie.

Tephritis tussilaginis. Meig. V. Ibid. Même observation. Boie.

— lappæ. Meig. — V. Ibid. Ibid. Loew.

— arctii. Meig. — V. Ibid.

— cornuta. Meig.— V. Ibid. M. Stœyer, de Stockholm, l'a trouvé sur l'*A. lappa*.

Tephritis syngenesiæ. Fab. — V. Ibid. B.

Agromyza lappæ. Meig. — V. Avoine. La larve mine la tige et non les tiges de l'*A. lappa*. Boie.

Phytomyza lappæ. Gour.—V. Houx. La larve mine les feuilles de l'*A. lappa*. Gour.

Ipsolophus striatellus. Sur les fleurs de l'*A. lappa*. Zeller. En Toscane.

G. ONOPORDE. Onopordon. Vaill.

Capitules homogames. Involucre ovoïde; écailles coriaces, imbriquées, surmontées d'un appendice épineux au sommet. Réceptacle alvéolé. Corolle infundibuliforme, 5-fide. Graines oblongues. Aigrettes composées de soies filiformes, barbellulées, soudées par la base en godet corné.

Pour les ignorants en botanique, les Onopordes sont des Chardons de haute stature, aux tiges garnies de prolongements des feuilles, en longs rubans, aux larges fleurs purpurines, aux belles feuilles d'Acanthe, souvent représentées dans l'architecture du moyen-âge ; l'espèce commune est connue sous les noms vulgaires de *Grand Chardon aux ânes*, d'*Acanthine*, de *Pédane*, d'*Artichaud sauvage*.

Les Onopordes présentent des propriétés salutaires, qui ont eté longtemps employées en médecine ; elles sont vulnéraires, stomachiques et apéritives, ainsi que l'indique l'amertume de toutes leurs parties. Le réceptacle des fleurs est charnu et savoureux comme celui des Artichauts.

Insectes des Onopordes :

COLÉOPTÈRES.

Julodis onopordinis. Fab. — V.
Buprestis variolatus. Linn. — V. Sur l'*O. acanthium*.
Apion onopordinis. Kirbi. — V. Sur l'*O. acanth.*
Larinus onopordinis. Fab.
Cassida sanguinea. Kreutz. — Sur l'*O. ac.* Juff.
— rubiginosa. Zell. — V. Sur l'*O. ac.*

HÉMIPTÈRE.

Aphis onopordinis. Schr.

LÉPIDOPTÈRES.

Syrichtus onopordinis. Rumb.
Coleophora onopordella. Mann.—V. La chenille vit sur l'*On. ac.*

DIPTERE.

Tephristis onopordinis. Fab. Meig.

G. ARTICHAUT. CYNARA. Vaill.

Capitules homogames, sans couronne. Involucre ovoïde; ecailles coriaces, imbriquées, surmontées de larges appendices. Corolle infundibuliforme, 5-bifide. Graines presqu'osseuses, ovales. Aigrettes composées de paillettes plurisériées, filiformes, plumeuses, soudées par leur base.

L'Artichaut présente dans sa synonymie bien des obscurites.

Originaire de l'Ethiopie, il est une des plantes dans lesquelles on a cherché le célèbre *Dudaim*, chanté par Salomon. Le livre juif, le Michna, le reconnait comme tel; les Grecs lui donnaient les noms d'*Alcoculan*, d'où est dérivé Artichaut, de *Scolymos*, de *Ptermice*; ils le mangeaient sous le nom de *Kynara*, d'après Athénée (*Banquet des savants*). Les Romains l'appelaient *Articocalus*, *Artocum*, *Strobilus*, *Carduus*, *Cinara*, à cause des cendres qu'on lui donnait comme engrais.

L'usage de l'Archichaut, en France, comme plante potagère, n'existait pas au XIV.e siècle, mais il était introduit au XVI.e

Le *Cardon* paraît appartenir à la même espèce que l'Artichaut modifié par la culture. Théophraste en parle sous le nom de *Cactos*.

Insectes des Artichauts :

COLÉOPTÈRES.

Apion carduorum. Herbst. — V. La larve vit et se transforme dans la côte médiane des feuilles de l'*Art. scolymus*. Perris.

Apion gibbirostris. Gyll. — V. Même observation.

Agapanthia cynaræ. Br.

Cassida viridis. Fab. — V. Br.

Cryptocephalus cynaræ. Frew. Suff.

ORTHOPTÈRE.

Gryllo-talpa. Linn. — V. Il nuit fort aux *Artichauts*.

LÉPIDOPTÈRES.

Zygæna cynaræ. Esp.

Syrichtus cynaræ. B.

G. CIRSE. Cirsium. Tourn.

. Capitules homogames ou hétérogames, sans couronne. Involucre ovoïde; écailles imbriquées, coriaces, surmontées d'un appendice épineux ou aristé. Graines oblongues, comprimées. Aigrettes longues, composées de paillettes filiformes, plumeuses, soudées par leur base.

Ce genre est encore un démembrement des Chardons dont il

diffère principalement par les aigrettes plumeuses de ses graines. Plusieurs espèces offrent un bel aspect et méritent l'honneur de la culture, malgré les épines dont elles sont hérissées. Telles sont les *C. glabrum* des Pyrénées, *lanceolatum*, *eriophorum*. Quelques-unes ont le réceptacle des fleurs assez grand pour nous servir d'aliment, comme celui des Artichauts.

Le *C. hémorrhoïdal* porte sur ses tiges et ses feuilles des tubercules produits par des insectes que nous présumons être des Cécidomyies ; mais nous n'avons pu encore nous en assurer.

Insectes des Cirsium.

COLÉOPTÈRES.

Larinus sturnus. Schill. — V. Scolyme. Il vit sur le *C. lanceolatum*. Jacquel. D.

Larinus cirsii. Stev. — V. Ibid. Sur les *Cirsium*.

Cassida rubiginosa. Zell. -- V. Peuplier. La larve vit sur les *C. arvense*, *lanceolatum*, *achantoidea*. Suffr., Cornelius.

Cassida sanguinolenta. Fab. — V. Ibid. Sur le *C. oleracea*. Suff.

Cassida vibex. Fab. — V. Ibid. Sur le *C. arvense*. Cornelius.

— equestris. — Ibid. Sur le *C. oleraceum*.

Chrysomela cerealis. Linn. — V. Saule. Il vit sur le *C. lanceolatum*.

Chrysomela alcyonea. Erichs. — V. Ibid. Sur le *C. spinosissimum*. Suffr.

HÉMIPTÈRES.

Dorthesia (Cirsii). — Elle a été trouvée par M. de Romand, sur le *C. arvense*.

Aphis isatis. Fons Col. — V. Cornouiller. Il vit sur le *C. lanceolatum*. Fons Col.

Aphis cardui. Fab. — Ibid. Sur le *C. lanceolatum* et *pycnocephalum*. Kaltenb.

LÉPIDOPTÈRES.

Argynnis laodice. — V. Citronnier. La chenille vit sur le *C. palustre*. Héring.

Hesperia steropus. — V. Citronnier. Sur les fleurs du *C. palustre.* Her.

Syrechtus cirsii. Rumb. — V. Carline.

Gortyna flavago. — V. Bardane. La chenille vit sur le *C. palustre.* Héring.

Tortrix cirsiana. Zell. — V. Lierre. Sur le *C. palustre.* Zell., en Toscane.

DIPTÈRES.

Lonchœa nigra. Macq. — La larve de cette Muscide vit dans les tiges du *C. lanceolatum.*

Tephritis arctis (Onotrophes). — V. Berberis. M. Stieger l'a observée en grand nombre sur le *C. palustre.* Loew.

Tephritis onotrophis. Loew. — V. Ibid. La larve vit dans les fleurs du *C. oleraceum.* Boie.

Tephritis stylata. Meig. — V. Berberis. Boie a obtenu cette espèce des capsules du *C. lanceolatum.*

Tephritis cuspidatus. Meig. — V. Ibid.

— cardui. Reaum — V. Ibid. Obtenue par M. Goureau, du *C. lane.*

G. CHARDON. CARDUUS. Linn.

Capitules homogames, sans couronne. Involucre ovoïde, écailles lancéolées ou linéaires, coriaces, imbriquées. Corolle infundibuliforme, 5 fide. Graines oblongues, comprimées. Aigrettes longues, composées de soies filiformes, inégales, soudées par la base.

Ce genre, par les nombreux démembrements qu'il a subis, se réduit à un petit nombre d'espèces européennes : telles sont le *C. nutans*, aux grandes fleurs inclinées, au port remarquable par sa grâce ; le *C. crispus*, dont les tiges rameuses sont garnies de larges ailes ciliées ; le *C. acanthoides*, dont les feuilles par leur noble élégance, ont souvent servi de modèle pour les chapiteaux des colonnes. Cependant ils nuisent aux cultures, les agriculteurs font pour les extirper des efforts souvent infructueux, tant les racines pivotantes sont profondes.

Insectes des Chardons.

COLÉOPTÈRES.

Calathus ochropterus. — Ce Carabique se tient à la racine des *Chardons*. Fairmaire.

Droocus cephalotes. — Même observation. Fairm.

Cetonia cardui. Gyll. (*obscura*. Fab.) — V. Rosier. La larve pénètre dans les racines et les détruit.

Trichius gallicus. Fab. — V. Houx. On le trouve souvent sous les fleurs des *Chardons*. Ghiliani.

Meloe floralis. — Il fréquente les fleurs des *Chardons*. Br.

Xiletinus cardui. Dej. — V. Lierre.

Apion gibbirostre. Gyll. — V. Tamarisc.

— carduorum. Kirby. — V. Ibid. Il vit sur les *Chardons*. Walton.

Lixus filiformis. Fab. — V. Spartier. Sur les *C. nutans* et *crispus*. Dickhof.

Lixus turbatus. Gyll. (*cardui*. Gené.) — V. Ibid.

Larinus cardui. Germ. — V. Scolyme.

Cleonis sulcirostris Fab. (*cardui*. Sanvitale.) — V. Bruyère.

Rhinscellus latirostris Ce Curculionite vit sur le *C. nutans*.

Clytus ornatus. Fab. — V. Erable sycomore. Sur les *Chardons*. Mulsant.

Agapanthia cardui. Fab. — V. Asphodèle. Sa larve vit dans le *C. nutans*. Muls

Agapanthia angusticollis. Schorl. — V. Ibid. Muls.

— suturalis. Fab. — V. Ibid. Muls.

Cassida rubiginosa. Zell. — V. Peuplier. Il vit sur le *C. nutans*.

— viridis. Linn. — V. Ibid. Br.

— nobilis. Linn. — V. Ibid. Br.

Cryptocephalus gravidus. Dej. — V. Cornouiller. Sur les *Chardons*. Suffr.

Argopus cardui. Kirby. Cette Chrysoméline vit sur les *Chardons*.

Chrysomela cerealis. Linn. — V. Saule. Sur le *C. acanthoides*. Suffr.

Chrysomela polita. Linn. — V. Ibid. Sur les *Chardons*. Suff.

Idalia (Coccinella) *undecimnatata*. Schneider. La larve et l'insecte parfait vivent sur les *Chardons*.

HÉMIPTÈRES.

Anthocoris fuscus Gour. — Cette Cimicide vit sur les *C. nutans*. G.

Monanthia. Am. (Tingis. Fab.) cardui. Linn. Cette Tingide vit sur les *Chardons*. Br.

Centrotus cornuta. Linn. — V. Cette Cicadelle vit sur les *Chardons*. Br. Il vit sur le *lanceolatus*. Fons C

LÉPIDOPTÈRES.

Argynnis arsiloche. H. — V. Citronnier. Il fréquente les fleurs des *Chardons*. Héring.

Vanessa cardui. Linn. — V. Cerisier.

Papilio alexana. Esp. — V. Poirier. Il se repose souvent et de préférence sur les *Chardons* en fleurs. Bellier de la Chav.

Anthœcia cardui. Esp. — La chenille de cette Noctuélide vit aux dépens des fleurs et des graines des *Chardons*. Elle est allongée, à tête petite et globuleuse. Avant de se transformer, elle se renferme dans une petite coque de soie et de débris de feuilles, et placée à la surface du sol.

Plusia chrysitis. Linn. — V. Lonicère. Br.

Tortrix posterana. Hoffm. — V. Lierre. Il vit sur des *Chardons*. Zeller.

Carpocapsa cardui. Macq. — V. Poirier. Sur le *C. nutans*. Bruand.

Psecadia auriflueIla. Zell. — Cette Yponomeutide vole sous la tête des hauts Chardons, en Toscane.

Myelophila cribrella. H. — La chenille de cette Yponomeutide est couverte de poils courts. Elle vit et se transforme dans l'intérieur des tiges des *Chardons* où elle passe l'hiver.

Eupœcilia (Cochylis. Treits.) hybridellana. Guen. — La chenille de cette Platyomide vit sur le *C. nutans*. Guen.

DIPTÈRES.

Cecidomyia cardui. Macq. — V. Groseiller. La larve vit sur le *C. nutans*. Goureau.

Cheilosia flavicornis. Fab. — V. Orme. La larve mine la tige du *C. crispus*. Boie.

Anthomyia cardui. Meig. — V. Truffe.

— (anthomyia. Meig.) *hyoscyami*.— V. Jusquiame.

Sapromyza umbellatorum. Fab — V. Chaume. Suivant Meigen, elle vit sur les *Chardons*.

Sapromyza solsticialis. Linn. — V. Ibid. Boie l'a obtenu des capsules du *C. crispus*.

Sapromyza (Trypeta. Meig.) serratulæ. Meig. — V. Ibid. Suivant Linnée, la larve vit dans les *Chardons*.

Sapromyza onopordinis. Fab. — V. Ibid. Sur les *Chardons*.

Agromyza œnea. Meig. — V. Avoine. La larve vit dans la tige du *C. nutans*, dont elle dévore la moelle en y perçant un canal Rondeni.

Curculio carduelis. Linn. Brez.

— triangularis. Ibid. Ibid.

— formosus. Linn. Br.

TRIBU.

ECHINOPODÉES. Echinopodeæ. Cass.

Capitules homogames, involucre anormal, rudimentaire, formé de paillettes sétacées. Fleurs accompagnées chacune d'un involucre. Corolle hypocratériforme

G. ECHINOPS. Echinops. Linn.

Capitules globuleux ; involucre à paillettes rabattues. Graines droites, soyeuses, pentagones. Aigrette soit cupuliforme, soit coroniforme et composée de paillettes courtes, légèrement barbellulées.

Ce genre, type de cette petite tribu, et dont le nom, tiré du *Hérisson*, fait allusion aux épines des feuilles, se distingue entre toutes les Synanthérées par l'anomalie que présentent ses fleurs dont chaque fleuron est accompagné d'un calice, involucre, particulier. Il résulte de cette disposition une forme sphérique qui a donné lieu au nom vulgaire de *Boulette*. L'une des espèces, en faveur du bleu d'azur dont ses fleurs sont parées, a passé de ses montagnes rocailleuses dans les parterres de nos jardins. Une autre, *E. lanuginosa*, nous montre ses feuilles couvertes d'un duvet semblable à une toile d'araignée; suivant Valmont de Bomare, ce duvet est utilisé en Espagne. On l'enlève en faisant bouillir les feuilles dans une lessive de cendres, et l'on en fait des mèches et de l'amadou.

Insectes des Echinops.

COLÉOPTÈRES.

Buprestis varialatus. Linn.

Larinus maculosus. Schr. — V. Scolyme. La larve vit dans les capitules qui se déforment et languissent. Elle se creuse une vaste cellule, interieurement brune, lisse, polie et très-dure, et s'y transforme en nymphe.

TRIBU.

CALENDULÉES. CALENDULEÆ. Cass.

Capitules héterogames, radiées, involucre ordinairement à écailles linéaires. Corolle staminifère, régulière, corolle des fleurs radiales liguliforme. Graines dissemblables.

G. SOUCI. CALENDULA. Linn.

Capitules hemisphériques; involucre à écailles unisériées, réceptacle nu, graines inadhérentes. Aigrettes nulles.

Ces plantes, dont les unes croissent dans les champs, les vignes, les autres dans tous les jardins, sont remarquables non-seulement par l'éclat de leurs corolles orangées, mais surtout par leur propriété météorologique. Leurs fleurs suivent le cours du soleil, s'épanouissent à son lever, se tournant vers lui de l'orient à l'occident. et se ferment à son coucher. C'est à ce phénomène que le *Souci* doit son nom. altération de *solsequium*, que l'on trouve, je crois, pour la première fois, dans le capitulaire de Charlemagne, de *Villis propriis*, ce monument caractéristique de l'ordre et de l'économie dans les petites choses que l'empereur savait concilier avec la grandeur de ses vues politiques et guerrières.

Deux autres opinions ont été émises sur l'étymologie du Souci. Le savant Huet, évêque d'Avranches, le dérivait de *solsticium*, et le père Labbe veut que cette fleur ait été ainsi appelée parce que se tournant toujours du côté du soleil, il semble qu'elle soit en un perpétuel *souci*, *peine* et *anxiété*. Les courtisans peuvent s'y reconnaître.

La même propriété du Souci l'ont fait nommer *Heliotropion* en grec, et *Gerasole* en italien. Quant au nom latin *Calendula*, il fait allusion a la floraison du Souci, qui semble se renouveler aux kalendes de chaque mois de la belle saison.

Des vertus médicinales nombreuses et puissantes ont été attribuées au Souci. Il a été employé contre la fièvre, le vertige, l'ophthalmie, la peste et bien d'autres affections encore; mais cette belle destinée s'est évanouie; on reconnaît seulement que le Souci est amer et par conséquent tonique.

Insectes des Soucis.

HÉMIPTERE.

Aphis isatis. — V. Cornouiller. Il vit sur le *S. des jardins*. Fons Col.

TRIBU.

HÉLIANTHÉES. Helianthe.e. Cass.

Capitules hétérogames ou homogames. Corolle staminifère, régulière, tubuleuse, 4 ou 5-fide. Involucre à écailles d'une ou deux séries. Réceptacle inappendiculé ou garni de paillettes. Aigrette nulle ou coroniforme.

Cette grande et belle tribu contient une partie des plantes qui décorent nos jardins : l'éclatant *Zinnia*, le *Rudbeckia* aux longs rayons inclinés, le *Cosmos* au feuillage linéaire, le *Silphium* qui s'élève à la hauteur des arbres, le *Gaillardia* qui represente la cocarde d'Espagne, l'énorme *Hélianthe* qui s'enfle et se travaille pour égaler le Soleil en grandeur, le *Dahlia* aux mille nuances, aux mille combinaisons de la beauté, le *Spilanthe*, le *Ximenesia*, et tant d'autres ; les nommer, c'est rappeler le plaisir avec lequel nous les cultivons.

Plusieurs plantes de cette tribu présentent des proprietés utiles : le *Topinambour* est alimentaire, le *Tournesol* et le *Madia* sont oléagineux, le *Spilanthe* est médicinal, anti-scorbutique ; il constitue la base du *Paraguay-roux*.

Très-peu d'insectes vivent sur ces plantes, sans doute parce qu'elles sont généralement d'origine exotique.

G. DAHLIA. Dahlia. Cavan.

Capitules radiés, multiflores, fleurs radiales tantôt neutres, tantôt femelles. Fleurs du disque, hermaphrodites. Involucre double; l'extérieur formé de quatre à huit écailles foliacées ; l'intérieur formé de douze à seize écailles membraneuses. Réceptacle plan, garni de paillettes. Graines larges, minces, ailées.

La découverte d'une belle fleur est un bienfait de la Providence quand elle profite à tout le monde ; cette fleur accroît nos jouissances, quelquefois bien rares ; elle rend la sérénité à nos esprits ; l'admiration qu'elle nous inspire élève nos âmes vers la Divinité. Tel est le Dahlia, comme la Rose, le Lys, découvert au Mexique, importé en Europe en 1790, par Cervantès, directeur du Jardin botanique de Mexico. Nommé par Cavanilles, du nom du botaniste danois *Dahl*, le *Dahlia* s'est popularisé pour le vulgaire, s'est embelli, perfectionné pour l'amateur. L'horticulture a changé les fleurons de son disque en pétales pressés, serrés, tournés en tuyaux, en cornets d'une régularité parfaite ; elle a épuisé sur les couleurs toute la diversité, l'éclat, les combinaisons qui charment l'œil ; elle a obtenu et obtient encore des variétés sans nombre qui ne cessent d'alimenter la passion que cette fleur inspire ; mais comme les désirs des hommes ne sont jamais entièrement satisfaits, le Dahlia bleu se refuse obstinément à tous les efforts pour l'obtenir.

Insectes des Dahlias.

COLEOPTERE.

Scymnus minimus. Gyll. — V. Pin silvestre. La larve detruit les *Acarus* (*Tetranychus telarius*) qui infestent quelquefois les *Dahlias*. (Georgina.)

G. BIDENS. Bidens. Linn.

Capitules homogames, multiflores. Involucre composé d'écailles bisériées. Réceptacle plan et paléacé. Graines surmontées de deux cornes aiguës et munies souvent, au sommet, de poils raides, dirigés inférieurement.

Avant que ce genre fût constitué, le type en avait été signale sous les noms d'*Eupatoria femina*, par Cœsalpin, et de *Cannabina aquatica*, par Ch. Bauhin. Son nom vulgaire, *Cornuit*, paraît faire allusion aux deux cornes qui surmontent la graine.

Cette plante, dont la saveur et l'odeur sont pénetrantes, a éte vantée comme diurétique et salutaire contre la morsure des serpents.

Insectes des Bidens.

DIPTERE.

Tephritis (Trypeta. Meig.) elongata. Loew. — V. Berberis. La larve mine les feuilles du *B. cernua*. Boie.

TRIBU.

ANTHEMIDÉES. Anthemideæ. Cass.

Capitules discoïdes ou sans couronne. Corolle staminifère, tubuleuse, a cinq dents. Réceptacle, soit appendiculé, soit garni de paillettes. Aigrette, le plus souvent nulle ou coroniforme et irrégulière.

Cette grande tribu des Synanthérées se distingue des autres par plusieurs différences organiques, mais plus encore par sa composition chimique et ses propriétés. Au suc amer et âpre de la plupart des membres de la classe, les Anthémides joignent généralement un principe résineux à l'état d'huile volatile, qui modifie et exalte les propriétés : rend ces plantes non-seulement toniques, mais encore aromatiques, anti-spasmodiques et fébrifuges. Il s'y mêle quelquefois un peu de fécule, et alors, ces plantes presentent des parties alimentaires, comme le Topinambour.

Il est à remarquer que ces principes et les propriétés qui en résultent, se retrouvent à peu près les mêmes dans les Anthémidées que dans les Labiées, quoiqu'appartenant à une classe très-différente; la présence surtout de l'huile volatile dans l'une et dans l'autre, détermine cette analogie. Ainsi, nous retrouvons en quelque sorte la Lavande, la Menthe, la Sauge, le Thym, la Mélisse, dans l'*Armoise*, l'*Absinthe*, la *Tanaisie*, la *Matricaire*, la *Santoline*, la *Camomille*, l'*Achillée*. C'est à l'envi que ces plantes, également bienfaisantes, nous offrent leur secours pour le soulagement de nos maux.

Nous ferons encore remarquer que les Anthémidées, si précieuses par leurs propriétés, participent peu de la beauté propre à la plupart des Synanthérées. En les comparant, par exemple, aux Helianthées que nous venons de décrire, nous voyons ces dernières brillantes de beauté, mais fort pauvres en propriétés utiles, tandis que les Anthémidées ne sont belles que de leurs vertus.

G. ARMOISE. ARTEMISIA. Linn.

Capitules ovoïdes, hétérogames. Fleurs radiales, en une seule série. Femelles fertiles, irrégulières. Fleurs du disque, hermaphrodites, régulières. Involucre, ovoïde ou hémisphérique, formé d'écailles peu nombreuses, inégales. Receptacle ovoïde ou hémisphérique, nu. Graines ovales, obtuses.

C'est par les Armoises que commence la série precieuse des plantes aromatiques de cette tribu. Les anciens faisaient de l'espèce commune presqu'une panacée; les modernes la considèrent encore comme tonique, stimulante, vermifuge, et surtout comme emménagogue. Il est présumable que c'est cette dernière propriété, favorable aux femmes, qui lui vaut l'honneur de porter le nom de la célèbre reine de Carie. *Artémise*, qui immortalisa son amour pour son époux par le cénotaphe qu'elle lui éleva et qui fut une des sept merveilles du monde, ne dédaigna pas de donner son nom à une humble plante, tandis que les monuments funéraires prirent celui de Mausole. Cependant, je ne puis me dispenser de rapporter une opinion de Pline, différente à ce sujet. « La gloire d'imposer des noms aux herbes, dit-il, dans la traduction de du Pinet, n'a seulement appartenu aux hommes, ains elle aussi est venue jusqu'à enflammer le cerveau des femmes, qui en ont voulu avoir leur part. Car la royne Artemisia, femme du riche Mausolus, roi de Carie, fit tant par son industrie, qu'elle *baptiza* de son nom l'Armoise qui, auparavant, était appelee *Parthenis*. »

D'après une autre version, le mot Artemisia est dérivé du mot *Artemis*, *Diane*, patronne des vierges :

Herbarum varias dicturus carmine vires,
Herbarum matrem justum puto ponere primo,
Cui græcus sermo dedit Artemisia nomen.
Hujus opem fertur prior invenisse Diana,
Artemis a Græcis quæ dicitur, indeque nomen
Herba tenet, quia sic inventrix dicitur ejus;
Præcipue morbis muliebribus illa medetur.

(Macer)

Deux autres espèces d'Armoises portent des noms qui se sont également altérés en traversant le moyen-âge : l'*Abrotanum*, qui est devenu l'*Aurone*; l'autre, le *Dracunculus*, devenu l'*Estragon*, ce condiment qui assaisonne si bien le pain du pauvre et le vinaigre du riche.

Insectes des Armoises.

COLÉOPTÈRES.

Murdella pusilla. Megert. — V. Néflier-Aubépine. La larve vit et se transforme dans les tiges de l'*A. vulgaris*.

Phyllobius viridicollis. Fab. — V. Poirier. Il vit sur l'*A. vulgaris*. Walton.

Baris artemisiæ. Fab. — V. Bouleau.

Adimonia artemisiæ. Rumb. —V. Saule. Sur les *Armoises* de l'Espagne méridionale. Rumb.

Phyllotreta armoriacæ. Ent. Heft. — Cette Chrysoméline vit sur les *Armoises* en Finlande.

Plagiodera armoriacæ. Fab. — Même observation.

Chrysomela cerealis. Linn. — V. Saule. Sur l'*A. vulgaris*.

— armoriacæ. Linn. — V. Ibid. Sur l'*Arm*. Suffr.

Cryptocephalus sericeus Linn. — V. Cornouiller. Sur l'*Armoise*.

HEMIPTERES.

Oxycarenus (Lygœus) artemisiæ. Fieber. — Cette Cimicide vit sur les *Armoises*.

Aphis artemisiæ. Fons Col. — V. Cornouiller. Sur l'*A. vulgaris*. Kaltenb.

LÉPIDOPTÈRES.

Lithosia aureola. H. — V. Tilleul. La chenille vit sur l'*A. campestris*.

Chelonia matronula. Linn. — V. Cerisier. Brez.

— hebe. L. — V. Ibid. Br.

Crateronyx dumeli. Linn. — V. Laitue. Br.

Hadena persicariæ. Linn. — V. Spartier. La chenille vit sur l'*A. campestris*. Hering.

Hadena sociabilis. — V. Ibid. La chenille vit sur les *A. campestris* et *cærulescens*.

Solenoptera meticulosa. Linn. — V. Ciste. Br.

Cucullia tanaceti. Fab. — V. Molène. Elle vit sur les *A. vulgaris* et *arborescens*, et jamais sur la *Tanaisie*. Hec.

Cucullia abrotani. W. W. — V. Ibid. Sur l'*A. campestris.* Her.

Cucullia santolinæ. H. — V. Ibid. Sur l'*A. arborea.* Rumb.

— artemisiæ. Fab. — V. Ibid. Guen.

Heliothis scutosa. Fab. — V. Coudrier. La chenille vit sur l'*A. campestris.* Her.

Fidonia atomaria. Linn. — V. Marronnier, Br.

Eupithecia (Larentia. Treits.) irrataria. B. — V. Tamarisc. sur l'*A. campestris.* Dans le Dessau.

Grapholitha (hohenwarliana.) W. W. — V. Ajonc. Sur l'*Artemisia.* Zell. En Toscane

Sericoris artemisiana. Zell. — V. Bruyère. Z.

Lita artemisiella. Tisch. — V. Bouleau.

Coleophora vibicigerella. Zell. — V. Tilleul. La chenille vit sur l'*A. campestris.* Z.

Coleophora ditella. Zell. — V. Ibid. La chenille vit sur l'*A. vulgaris.* Z.

Coleophora troglodytella. Dup. — V. Ibid. Sur l'*A. vulgaris.*

— directella. Zell. — V. Ibid. Sur l'*A. vulgaris.* Z.

DIPTÈRES.

Cecidomyia artemisiæ. Bouché. — V. Groseiller. La larve se développe dans des nœuds arrondis, à l'extrémite des tiges de l'*A. campestris.*

Cecidomyia tubifex. Bouché. — V. Ibid. La larve vit dans le calice déformé de l'*A. campestris.*

Cecidomyia fulcorum. Schultz. — V. Ibid. La larve détermine la production de petites galles sur les feuilles de l'*A. vulgaris.*

Tephritis artemisiæ. Loew. — V. Berberis. La larve vit sur l'*A vulgaris.*

Tephritis absinthi. Meig. — V. Ibid. Suivant M. Stæger, il vit aussi sur l'*A. vulgaris.*

Tephritis abrotani. Meig. — V. Ibid.

G. ABSINTHE. Absinthus.

Capitules ovoïdes, petits, hétérogames. Fleurs radiales, en une seule série. Femelles fertiles, irrégulières. Fleurs du disque, hermaphrodites, régulières. Involucre, ovoïde ou hémisphérique, formé d'écailles peu nombreuses, inégales. Réceptacle ovoïde ou hémisphérique, garni de fimbrilles filiformes.

L'Absinthe (de *a* et de *psinth*, sans douceur,) jouit du rare privilége d'être reconnu aussi utile, aussi salutaire chez les modernes qu'il l'était chez les anciens. C'est toujours le tonique, le stimulant, le fébrifuge, le anthelmintique par excellence. Seulement, il ne paraît plus dans les fêtes publiques. Les prêtres d'Isis ne marchaient que précédés d'une branche d'Absinthe portée en leur honneur. L'Absinthe figurait honorablement dans les sacrifices et autres solennités de Rome. L'Absinthe était présenté aux vainqueurs de la course aux chars.

Une des opinions des anciens, relativement à cette plante, ne s'accorde pas avec celles des modernes. Suivant Pline, les Brebis qui broutent l'Absinthe n'ont pas de fiel, tandis que d'après nos observations, l'usage de l'Absinthe donne de l'amertume au lait des bestiaux.

L'emploi actuel de l'Absinthe consiste principalement en infusions dans l'eau, le vin, l'alcool. Tout le monde sait la faveur dont jouit cette dernière préparation.

L'Absinthe croît dans presque tous les climats. Elle préfère cependant les pays froids, les terrains arides, incultes et montagneux :

Tristia deformes pariunt Absinthia campi.
(Ovide).

Insectes des Absinthes.

COLÉOPTÈRES.

Adimonia absinthi. Fab. — V. Saule. Il vit sur l'*Absinthe*. Scher.

Cassida austriaca. Fab. — V. Peuplier. Sur l'*Abs*. Suffr.

HÉMIPTÈRES.

Aphis absinthi. Linn. — V. Cornouiller. Sur l'*Abs.* Amyot.

— artemisiæ. Fons Col. — V. Ibid. Il vit aussi sur l'*Abs.*

LÉPIDOPTÈRES.

Cucullia absinthi. Linn. — V. Molène. La chenille vit sur l'*Abs.*

Cucullia abrotani. W. W. — V. Ibid. Il vit aussi sur l'*Abs.* Hering.

Plusia festricæ. Linn — V. Lonicère. Ibid. Br.

— gamma. Linn. — V. Ibid. Br

Heliothis scutosa. Fab. — V. Coudrier. Br.

Eupithecia minutaria. B. (Var. Absinthiata.) — V. Tamarisc.

DIPTÈRE.

Tephritis absinthi. Meig. — V. Berberis. Stæger.

G. TANAISIE. Tanacetum. Linn.

Capitules multiflores, hémisphériques. Fleurs de la couronne, en une seule série. Femelles, à corolle tubuleuse, trifides. Fleurs du disque, hermaphrodites, 5-fides. Involucre, cyathyforme, formé d'écailles plurisériées. Receptacle, convexe, nu. Graines anguleuses.

La Tanaisie, appelée vulgairement *Herbe aux vers, Barbotine*, participe à toutes les propriétés salutaires de l'Absinthe, souvent avec la même intensité, et cependant, sans savoir pourquoi, elle est beaucoup moins employée. *Habent sua fata medicamenta.* Les femmes de la Laponie en font usage dans les bains de vapeur qu'elles prennent avant d'accoucher. La Tanaisie sert aussi à quelques autres usages. En Finlande, on en extrait une teinture jaune; en Allemagne, on la substitue quelquefois au Houblon, pour la fabrication de la bière.

Cette plante se fait remarquer dans les lieux incultes par son feuillage divisé en nombreuses découpures. Elle a eu l'honneur d'être décrite en vers dans le beau poème latin du père Rapin, sur les jardins :

> Hibernos etiam durant Tanaceta per imbres ,
> Clara colore suo crispæ quæ volumine frondis.
> (Hort).

Le nom de Tanaisie était inconnu aux anciens. On le trouve dans Matthiole, qui le rapporte à la troisième espèce d'Armoises de Dioscoride. Suivant Daléchamp, qui écrivait au XVII.e siècle, ce nom était une altération de celui d'Athanasie que portait autrefois cette plante, et qui depuis avait été donné par Linnée au genre Lonas, d'Adanson.

Insectes des Tanaisies.

COLÉOPTÈRES.

Cassida murræa. Fab. — V. Peuplier. La larve vit sur la *T. vulgaris*. Suffrian.

Cassida sanguinolenta. Fab. — V. Ibid. Suffr.

— vibex. Fab. — V. Ibid. Suffr.

— chloris. Suff. — V. Ibid. Suff.

— denticollis. Suffr. — V. Ibid. Cornelius.

Ademonia tanaceti. Linn. — V. Saule. La larve vit sur la *Tanaisie*. (Ann. Stettin. 1840.)

HÉMIPTÈRES.

. Aphis tanaceti. Linn. — V. Cornouiller. Il vit sur la *T. vulg.*

— artemisiæ. Fons Col. — V. Ibid. Il vit aussi sur le *T. vulgaris*. Kaltenb.

Aphis mayeri. Linn. - V. Ibid. Br.

LÉPIDOPTÈRE.

Cucullia tanaceti. Fab. — V. Molène. Il vit sur la *Tanaisie*. Guén.

DIPTÈRES.

Sapromyza obsoleta. Fall. — V. Chaume. Il vit sur la *T. vulg.*

Tephritis marginata. Fall. — V. Berberis. Sur la *T. vulgaris.*

Tephritis tanaceti. Schr. -- V. Ibid. Meig.

G. PYRÈTHRE. PYRETHRUM. Gartn.

Capitules radiées, hétérogames. Fleurs radiales, en une seule série, liguliformes, femelles. Fleurs du disque, hermaphrodites. Involucre hémisphérique, composé d'écailles paucisériées, imbriquées, surmontées d'un petit appendice scarieux. Réceptacle convexe, nu. Graines cylindriques, couronnées d'un rebord crénelé.

Le *Pyrethron* des Grecs, dont le nom dérive de la chaleur âcre que sa racine imprime à la bouche, *Salivaria herba* des Romains, était connu des Egyptiens; les Arabes l'appelaient *Macharcaraha* ou *Hacharchara*. Les modernes lui donnent un grand nombre de noms, tels que *Balsamite*, *Grande Tanaisie*, *Menthe-Coq*, *Menthe-Notre-Dame*, *Herbe au Coq*, *Coq des Jardins*, *Grand-Baume*, *Pasté*. Ces noms attestent sa vulgarité. En effet, la Pyrèthre est commune dans la France et l'Europe méridionales, particulièrement sur les montagnes. Elle est cultivée dans tous les jardins destinés à la pharmacie, car ses propriétés médicinales sont nombreuses et actives, et elles paraissent résider dans une matière résineuse que l'alcool lui enlève facilement. On emploie ses fleurs et ses feuilles, aromatiques et amères, comme stomachiques, antispasmodiques, et surtout comme propres à guérir les affections de la bouche. De plus, le vin dans lequel on fait infuser les feuilles, réveille l'esprit, donne de la gaîté, chasse la mélancolie : « *Vino imprimis infusa folia mentem mirifice excitant, lætificant, undè melancholicis egregia.* » (Volelen.) C'est presque l'éloge du Café.

Les Egyptiens et les Grecs employaient la racine comme assaisonnement culinaire. Les Italiens le font encore.

Insectes des Pyrethrum.

COLÉOPTÈRE.

Chamopterus hespidulus. Grœlles. — Cet insecte vit dans les fleurs des *P. sulphureum* et *pulverulentum*, sur les bords du Guadaruma. Gr

HÉMIPTÈRE.

Aphis balsamitæ. Muller. — V. Cornouiller. Sur le *P. Balsamita.*

LÉPIDOPTÈRES

Arctia mendica. Linn. — V. Poirier Elle vit sur le *P. Balsamita.*

Cucullia balsamitæ. Rumb. — V. Molène. Freyer.

Nemotois raddellus. Hubn. — V. Prunier. Prunelier. Sur le *P. inodorum.* Kollar, en Autriche.

DIPTÈRE.

Tephritis pyrethri. Meig. — V. Berberis.

G. CHRYSANTHÈME. CHRYSANTHEMUM. Linn.

Les mêmes caractères que ceux du genre Pyrèthre, à l'exception des graines qui ne sont pas couronnées d'un rebord.

Ce genre, dont Linnée a emprunté le nom aux anciens, qui le donnaient à une plante que Matthiole croit être le Caltha (Pupulage), était primitivement nombreux et comprenait les Pyrèthres, les Ismélies, les Glébiones et bien d'autres encore. Il est maintenant circonscrit à un petit nombre d'espèces parmi lesquelles nous distinguons les *C. leucanthemum* et *sinense.* La première est cette *Marguerite des prés*, la *Grande Pâquerette, fleur de la St.-Jean,* qui décore nos pâturages de ses fleurs à rayons blancs et disque jaune, si abondantes, si souvent tressées en couronnes, en guirlandes, et qui ne le cède en faveur populaire à la Pâquerette proprement dite, que parce que celle-ci inaugure, pour ainsi dire, le printemps.

Comment le nom de Marguerite a-t-il été donné à ces deux plantes? quelle en est l'étymologie à leur égard? Je n'en trouve qu'une : mais elle est fort singulière. Les médecins de Lyon, dans leur histoire des plantes, parlent en ces termes : « Potuerunt autem Belides (Bellis est le nom latin des Pâquerettes,) funestæ illa Beli Danai regis filiæ quinquegima, quæ totidem nupta maritis, eos quælibet suum jugularunt, his floribus nomen dedisse, quia multi visuntur una gregatim, et belluli; unde vocantur vulgo Marguerites : sunt enim glomeruli multi florum, quas uniones, sive margaritæ. »

En admettant même que les Bélides ou Danaïdes aient donné leur nom au genre *Bellis*, on ne voit pas là encore l'origine du nom de Marguerite. Je hasarderai une autre conjecture : Ce nom n'aurait-il pas été donné à cette plante parce qu'elle fleurit vers le dix juin, jour de la Ste-Marguerite, par la même raison qu'on l'appelle aussi fleur de la St Jean, dont la fête vient quelques jours après?

Le Chrysanthème de la Chine ou des Indes, donne ces fleurs si remarquables par la variété infinie des couleurs, des nuances, et qui offrent le rare avantage de rester fleuries pendant une grande partie de l'hiver; aussi, passent-elles alors des jardins dans les hôtels dont elles décorent les cours et les vestibules.

Ainsi les Chrysanthèmes, sous une double forme, semblent faites pour plaire à tout le monde; ils prodiguent leurs fleurs au pauvre paysan comme au riche citadin.

Insectes des Chrysanthèmes.

COLÉOPTÈRES.

Ceutorhynchus rugulosus. Herbst. (*C. chrysanthemi*. Muller.) — V. Bruyère.

Clytus trifasciatus. Fab. et sa variété *C. ferrugineus*. — V. Erable. — Sycomore. Il fréquente les fleurs des *Chrysanthèmes* sur la lisière des bois de Pins des Landes. M. Souverbie.

Stenopterus dispar. Fab. — Ce Longicorne vit sur le *Chr.* Krichbaumer.

Leptura livida. G. 1-B. — V. Hêtre. Sur le *Chrysanthème*.

Cassida sanguinosa. Fab. — V. Peuplier. Il vit sur le *Chr. leucanthemum*. Cornelius.

Cryptocephalus bipustulatus. Linn. — V. Cornouiller. Br.
— bipunctatus. Fab. — V. Ibid.
— testacea. Linn. — V. Ibid.

HÉMIPTÈRE.

Aphis leucanthemi. Linn. — V. Cornouiller. Brez.

LÉPIDOPTÈRES.

Cucullia chrysanthemi. H. —V. Molène. Il vit sur le *Chr.* Guén.

Cucullia leucanthemi. Rumb. — V. Ibid. G.

Sciaphila chrysantheana. Parr. — V. Chêne. P.

Nemotois minimellus. SV. — V. Prunier. Prunelier. Il vole sur le *C. leucanthemum*. Zell.

DIPTÈRES.

Tipula chrysanthemi. Linn. — Cette espèce se trouve en Espagne.

Cecidomyia syngenesiæ. Loew. — V. Groseiller. La larve vit dans les fleurs du *C. inodorum*, sans la déformer. L

Ctenorhynchus (Cecidomyia) Chrysanthemi. — V. Ibid. Dans les fleurs du *C. inodorum*, sans les déformer. Winnerz.

Platypygus chrysanthemi. Loew. — Ce Bombylier vit sur les fleurs du *Chrysanthème* dont il dévaste le pollen ; il s'enfonce dans les fleurs. Loew. Iles de l'Archipel.

Xestomyza chrysanthemi. Meig. — Ce Bombylier se trouve également sur le *Chrysanthème*.

Tephritis artemisiæ. Meig. — V. Berberis. La larve mine les feuilles du *Chrysanthème*.

Tephritis parietina. Meig. — V. Ibid. La larve paraît vivre dans les galles des racines du *Chrysanthème*. Forster.

Tephritis unimaculata. Meig. (identique avec le T. stigma. Loew.) — V. Ibid. Il vit sur le *C. leucanthemum*. Loew.

Tiphritis gemmata. Wied. — V. Ibid. Sur les fleurs du *C. leucanthemum*. Boie.

G. MATRICAIRE. MATRICARIA. Linn.

Les mêmes caractères que les Chrysanthèmes, à l'exception du receptacle, qui est conique et très-élevé.

La Matricaire est une de ces plantes éminemment bienfaisantes qui ont traversé tous les âges en prodiguant leurs secours aux besoins de l'humanité souffrante. Notre siècle sceptique lui-même, n'a pu mettre en doute ses nombreuses vertus, et il les sanctionne, pour ainsi dire, en se refusant à croire à tant d'autres.

L'énergie des qualités physiques des plantes est généralement, dit-on, l'indice de propriétés médicinales très-actives ; la Matricaire confirme cette assertion. Cette plante exerce, en effet, une puissante action tonique sur l'économie animale, et de l'excitation vive qu'elle imprime au système nerveux et aux organes de la vie organique, résultent les effets antispasmodiques, stomachiques, diurétiques, emménagogues, résolutifs, etc., etc., qu'on lui attribue et qu'elle opère en effet selon qu'elle dirige son influence sur tel ou tel appareil organique. (Flore médicale.)

La Matricaire était nommée *Parthenion*, en grec ; *Achuen*, *Uchuen*, *Alachuam*, en arabe ; *Matricaria*, en latin. En France, on l'appelle vulgairement *Camomille commune*, qu'il ne faut pas confondre avec la *Camomille romaine*.

Insectes des Matricaires.

LEPIDOPTÈRE.

Cucullia chamomillæ. Fab. — V. Molène. Il vit sur la *M. chamomilla*.

DIPTÈRE.

Tephritis stellata. Suessli. — V. Berberis. La larve mine les fleurs de la *M. chamomilla*. Boie.

G SANTOLINE. Santolina. Tourn.

Capitules globuleux, homogames. Involucre hémisphérique, formé d'écailles imbriquées. Réceptacle, garni de paillettes. Corolle infundibuliforme. Graines, cylindracées.

La Santoline, *Petite sainte*, *Herbe sainte*, *sacrée*, doit son nom aux vertus dont elle est douée et que décèle son odeur aromatique, très-expansive, sa saveur, extrêmement amère, et l'huile essentielle dont ses sucs sont imprégnés. Du reste, elle ne fait que présenter utilement modifiées, les propriétés médicinales des plantes au milieu desquelles ses caractères botaniques l'ont placée.

Toutes ces bonnes qualités lui ont donné une popularité qui lui a valu les noms vulgaires d'*Aurone femelle*, de *Petit Cypris*, de *Garde robes*. Elle doit ce dernier à la propriété que lui donne son odeur pénétrante, d'écarter les Teignes et les Dermestes des meubles où nous déposons nos vêtements.

Insectes des Santolines.

COLÉOPTÈRES.

Cryptocephalus rubricollis. Linn. — V. Cornouiller. Il vit sur la *Santoline*.

Coccinella 22-punctata. Linn. — V. Pin maritime. La larve se nourrit des feuilles de la *S. officinalis*.

LÉPIDOPTÈRES.

Zygœna corsica. B. — V. Cytise. La chenille vit sur la *S. incana*. Rumb.

Cucullia santolinæ. Rumb. — V. Molène. Elle vit sur la *Santoline*. Guén.

G. ANTHÉMIDE. Anthemis. Linn.

Capitules hétérogames, radiés. Fleurs radiales, en une seule série, femelles, ligulées. Fleurs du disque, à corolle infundibuliforme. Involucre orbiculaire, formé d'écailles imbriquées. Réceptacle garni de paillettes. Graines tétragones, surmontées d'une aigrette courte, persistante.

Le joli nom d'*Anthemis*, qui signifie *fleuri*, était donné par les anciens à trois plantes, la *Camomille*, l'*Heranthema* et le *Leucanthème*. Linnée l'a donné à un genre assez nombreux que Cassini a démembré de manière à ne lui laisser que peu d'espèces, et particulièrement l'*A. tinctoriale*, plus connue sous les noms de *Camomille des teinturiers*, de *Fausse Camomille jaune*, d'*OEil-de-Bœuf*. Comme elle a peu d'odeur et de saveur, elle présente peu les propriétés salutaires des plantes précédentes ; et il semble que ne pouvant être bienfaisante, elle veuille être utile à l'industrie. Ce sont ses fleurs qui donnent une teinture jaune.

Insectes des Anthemis.

LÉPIDOPTÈRES.

Cucullia chamomillæ. Fab. — V. Molène. La chenille vit sur l'*A. arvensis*, dans le Dessau.

Bourmia cinctaria. W. W. — V. Tulipier. La larve vit sur l'*A. arvensis*, dans le Dessau.

DIPTÈRES.

Cecidomyia anthemidis. Loew. — V. Groseiller. La larve vit sur l'*A. arvensis*, sans causer de déformation. L.

Cecidomyia syngenesiæ. Loew. — V. Ibid. Sur l'*A. arvensis*, sans déformation. L.

Clinorhynchus (Cecidomyia) anthemidis. La larve vit dans les fleurs de l'*A. arvensis*, sans déformation. Winnertz.

Tephritis gemmata. Wied. — V. Berberis. Il vit sur l'*A. arvensis*.

G. CAMOMILLE. Chamœmillum. Cass.

Les mêmes caractères que le genre Anthemide, à l'exception que les graines sont absolument sans aigrette.

La Camomille romaine, *C. nobilis*, type de ce genre, reproduit avec quelques modifications toutes les excellentes qualités de la Santolme. Elle relève et soutient le ton des organes sans produire des excitations dangereuses; elle stimule sans irriter. C'est, dit Gilibert, la consolation des hypocondriaques; elle combat surtout les fièvres intermittentes ; enfin, l'usage en est reconnu si général qu'elle est devenue l'objet d'une culture en plein champ dans les environs de Dieppe.

Selon Matthiole, le nom de *Chamæmelon, petit pommier*, provient de l'odeur de pomme qu'exhale cette plante, et cette étymologie se retrouve dans le nom espagnol, *Manzanilla*, de la Camomille.

Ménage rapporte une autre opinion du *Pseudo-Macer* :

Anthemiem magnis commendat laudibus autor
Asclepias, Chamæmelam, quam nos, vel Camomillam,
Dicimus. Hæc multum redolens est, et brevis herba,
Herbæ tam similis, quam justo nomine vulgus
Dicit Amariscam quod fœteat et sit amara,
Ut collata sibi vix discernatur odore.

Insectes des Camomilles.

COLÉOPTÈRE.

Anthaxia passerini — V. Cerisier.

HÉMIPTÈRE.

Aphis isatis. Fons Col. — V. Cornouiller. Il vit sur la *C. romaine*. F. C.

LÉPIDOPTÈRES.

Cucullia chamomillæ. Roes. — V. Molène Guenée.

Tortrix depoltana. Zell. — V. Lierre. La chenille vit sur *la Camomille*. Z.

G. ACHILLÉE. ACHILLEA. Vaill.

Capitules hétérogames, radiées. Fleurs radiales, en une seule série. Femelles, ligulées. Fleurs du disque, hermaphrodites. Corolle infundibuliforme. Involucre formé d'écailles imbriquées. Réceptacle garni de paillettes scarieuses. Nucules de la graine plus ou moins comprimées, sans aigrette.

L'*Achillée mille feuilles*, est connue en médecine sous deux rapports principaux. Par ses propriétés soit physiques, soit chimiques, elle agit en excitant la force vitale des organes et en exerçant une influence manifeste sur le système nerveux. Ainsi elle est tonique, antispasmodique, apéritive; elle est particulièrement vulnéraire, et c'est sous ce second rapport qu'elle a acquis son nom vulgaire d'*Herbe des Charpentiers*, et celui d'*Achillée*, du fils de Pelée, disciple du Centaure qui l'avait initié dans la science médicale. On sait qu'ayant blessé Téléphe, roi de Mysie, qui voulait s'opposer à l'arrivée des Grecs devant Troie, et s'étant ensuite réconcilié avec lui, il guérit sa blessure par la rouille de sa lance.

Insectes des Achillées.

COLEOPTÈRES:

Anthaxia cichorii. Oliv. (*A mille folii.* Fab.) — V. Cerisier.

Cerocoma schreiberi. Fab. — M Ghiliani a trouvé un nombre prodigieux de ces Hétéromères amoncelés, recouvrant le corymbe entier d'une *A. mille feuilles.*

Cerocoma schæfferi. Fab. — V. Ibid. Je l'ai trouvé sur les *A. mille feuilles* de la forêt de Fontainebleau.

Ceutorhynchus millefolii. Ill. — V. Bruyère.

— floralis. Fab. (C. *Achilleæ.* Ziegl.) — V. Ibid.

Olibrus millefolii. Perr.

Cassida chloris. Suffr. — V. Peuplier. Il vit sur l'*A. millefolii.* Suff. et Cornelius.

Cassida sanguinolenta. Fab. — V. Ibid. Sur l'*A. millef.* Suff. et Corn.

Cassida ferruginea. Schr. — V. Ibid. Sur l'*A. mille folium.*

Phalacrus bicolor. Fab. (*A. millefolium.* Payk.) — V. Sapin.

HÉMIPTÈRES.

Fulgora europœa. Linn. — Burmeister trouva cette Cicadelle en grand nombre sur des prés desséchés où il y avait beaucoup d'*A. millefolii.* Matzecki.

Aphis achillæ. Linn.—V. Cornouiller. Il vit sur l'*A. millefolium.*

Aphis millefolii. Linn. — V. Ibid.

LÉPIDOPTÈRES.

Zygœna achilleæ. Esp. — V. Cytise. La chenille vit de l'*A. millefolium.*

Chelonia villica. Linn. — V, Cerisier. Br.

— aulica. Linn. — V. Ibid. Br.

— hebe. Linn. — V. Ibid. B.

Crateronyx dumeti. Linn. — V. Laitue. La chenille vit sur l'*A. millefolium.* Stettin.

Cucullia santolinæ. Rumb. — V. Molène. Br.

— tanaceti. Fab. — V. Ibid. La chenille vit sur l'*A. millefolium*. Hereng.

Cucullia chamomillæ. W. W. — V. Ibid.

Phorodesma smaragdaria Fab. — V. Chêne. Sur l'*A. millef.*

Boarmia cinctaria. W. W. — V. Tulipier. Sur l'*A. millif.*, dans le Dessau.

Boarmia selenaria. W. W. — Ibid. Sur l'*A. vulgaris*, dans le Dessau.

Aspilates gilvaria. W. W. — V. Prunier, Prunelier. Br.

Anaclis plagiaria. B. — V. Pin sylvestre. La chenille vit dan l'*A. millefolium*.

Coleophora millefolii. Zell. — V. Tilleul. La chenille vit sur l'*A. millef.* Le fourreau est formé d'une laine blanche fournie par les feuilles. Z.

DIPTÈRES.

Cecidomyia millefolii. Loew. — V. Groseiller. La larve se développe dans des bourgeons déformés et sur le bord des feuilles de l'*A. millefolium*.

Cecidomyia floricola. Loew. — La larve vit dans les fleurs déformées de l'*A. ptarmica*.

FIN DE LA TROISIÈME ET DERNIÈRE PARTIE.

TABLE ALPHABÉTIQUE

DES PLANTES MENTIONNÉES DANS L'OUVRAGE.

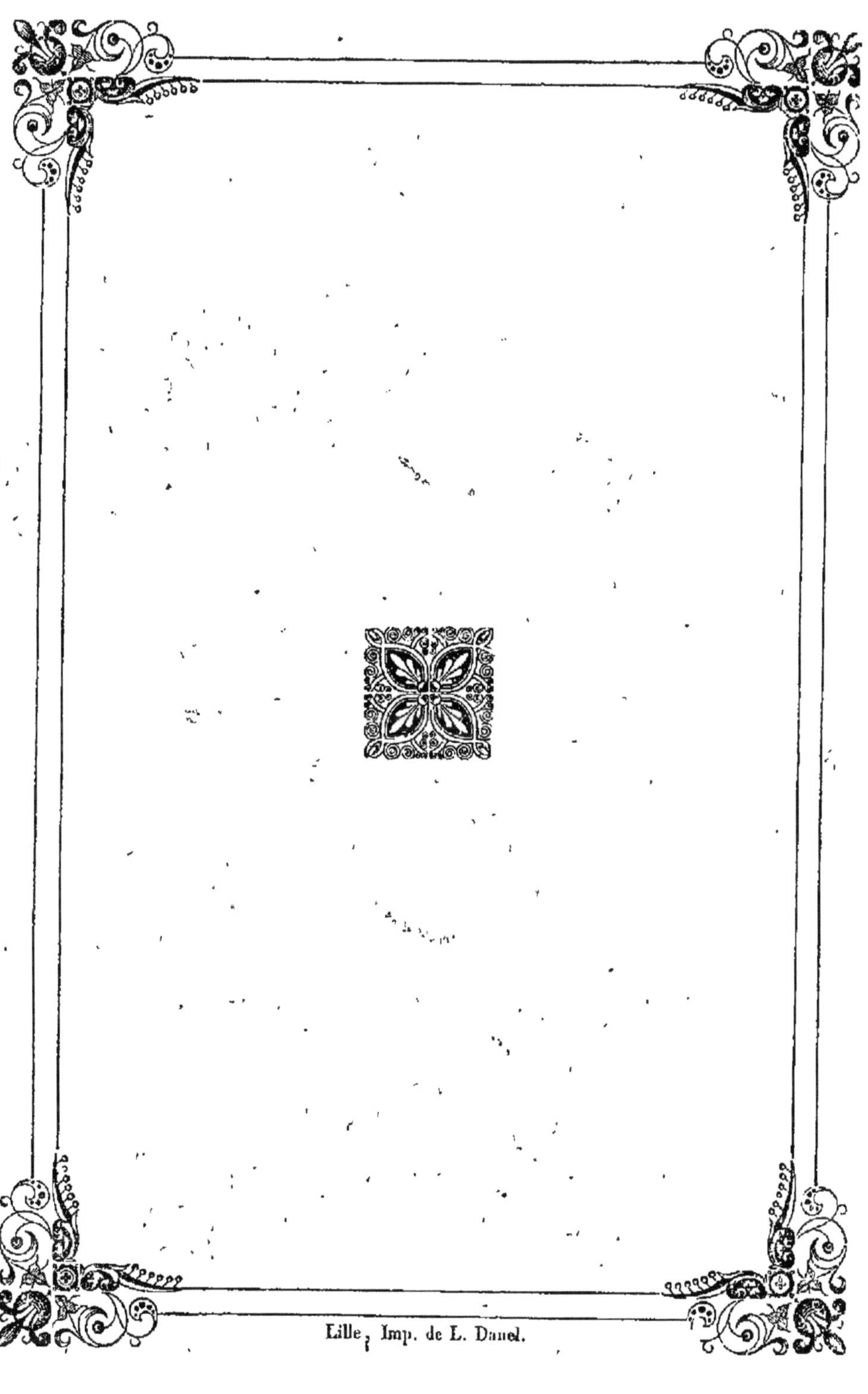

Lille, Imp. de L. Danel.

www.ingramcontent.com/pod-product-compliance
Ingram Content Group UK Ltd.
Pitfield, Milton Keynes, MK11 3LW, UK
UKHW012223240726
13966UKWH00003B/920